峨眉地幔热柱活动控制贵州西部成矿系统研究

聂爱国　著

科学出版社

北京

内 容 简 介

　　本书首次将峨眉地幔热柱活动及由此产生的峨眉山玄武岩及其相关岩浆作用与贵州西部多种金属矿床成因相结合，判别峨眉地幔热柱活动在贵州西部形成的区域构造格架，解剖由此产生的贵州西部典型矿床的导矿配矿容矿构造，查明峨眉山玄武岩及其相关火山作用对贵州中西部地质背景的影响，研究峨眉山玄武岩及其相关岩浆作用控制贵州西部多种金属矿床的成矿作用及成因机制，从成矿系统角度探寻贵州西部峨眉山玄武岩及其相关岩浆作用控制下多种金属成矿作用规律。

　　本书可供矿物学、岩石学、矿床学，地球化学，矿产普查与勘探等相关专业的高等院校师生、地质工作者和相关科研人员阅读和参考。

图书在版编目(CIP)数据

峨眉地幔热柱活动控制贵州西部成矿系统研究 / 聂爱国著.
—北京：科学出版社，2019.9
　ISBN 978-7-03-062305-8

　Ⅰ.①峨…　　Ⅱ.①聂…　　Ⅲ.①地幔涌流-成矿系列-研究-贵州　　Ⅳ.①P612

中国版本图书馆 CIP 数据核字 (2019) 第 204434 号

责任编辑：韩卫军 / 责任校对：彭　映
责任印制：罗　科 / 封面设计：墨创文化

科 学 出 版 社 出版
北京东黄城根北街16号
邮政编码：100717
http://www.sciencep.com

四川煤田地质制图印刷厂印刷
科学出版社发行　各地新华书店经销
*

2019 年 9 月第 一 版　　开本：787×1092 1/16
2019 年 9 月第一次印刷　　印张：7 1/4
字数：170 000
定价：75.00 元
(如有印装质量问题，我社负责调换)

国家自然科学基金项目(41262005)

贵州理工学院高层次人才科研启动经费项目(XJGC20140702)

"资源勘查工程教学团队"贵州省双一流项目(YLDX201614)

资助出版

前　言

地质科学研究具有综合性、长期性、复杂性、地域性，人类对地质科学许多领域的认知还处于初级阶段。对区域内大地构造判析、区域内矿产资源成矿规律的研究，在很大程度上还处于"盲人摸象"阶段。如何能更接近单体矿床成因、获得区域成矿规律地质事实，是每一个地质人，尤其是矿床研究者需要思考的问题，是其职责所在。

翟裕生在综合前人研究成果的基础上，将成矿系统定义为：在一定地质时-空域中，控制矿床形成和保存的全部地质要素和成矿作用过程，以及所形成的矿床系列和异常系列构成的整体，它是具有成矿功能的一个自然系统。

成矿系统是由相互作用和相互依存的若干要素结合而成的有机整体。一个成矿系统一般包含四要素：控制成矿因素、成矿要素、成矿作用过程以及成矿产物。

贵州省是中国的矿产资源大省，在我国的国民经济建设中占有十分重要的地位。贵州西部矿产资源十分丰富，既有贵金属矿产，又有有色金属、宝玉石矿产，还有能源矿产，更有"三稀元素"矿产。这些矿产资源成矿特征迥异、成矿过程复杂、成矿作用不同、成因类型多样，形成各自独立的矿床。

为什么贵州西部会产生品种、数量如此多的矿产资源？这些矿产资源是如何形成的？承载这些矿产资源形成的宏观地质背景是什么？这些矿产资源都属于什么样的成矿系统？成矿系统之间有何联系？这些问题是地质学者，尤其是贵州地质人必须思考和回答的问题。

地幔柱学说是一种新的大地构造学说，地幔柱的活动控制地球的部分形成演化，地幔柱学说还引领大地构造学说的发展，是地球科学发展史上的又一场革命！峨眉地幔柱是当今世界上公认的几个地幔柱之一，其活动产生的峨眉山玄武岩形成大火成岩省，覆盖四川、云南、贵州等地约 50 万平方公里，深刻控制和影响这些地区地球内部的物质组成、构造演化，更深刻控制中国西南地区的矿产资源形成和演化。

对于峨眉地幔热柱理论，前人主要从宏观角度研究，论述其运动学特征和动力学机制以及形成的岩浆岩演化、对区域构造环境的影响，但具体对单个矿床实体成矿过程及成因机制少有提及，更鲜有将峨眉地幔热柱理论与区域成矿系统相联系做深入探究。

任何事物的发生、发展都有其必然规律。贵州西部众多的矿产资源看似各自成体、独立形成，但应该有内在联系。它们受何种作用操控？影响多大？具体联系如何？笔者及研究团队通过二十多年对贵州西部矿产资源的理论研究及实践勘查发现：峨眉地幔热柱活动对贵州西部矿产资源形成具有决定性控制作用，通过峨眉地幔热柱活动理论从成矿系统角度分析研究贵州西部矿产资源成矿规律，发现了一些端倪，认识了一些特性，掌握了一些规律，取得了一些成果。

从 20 世纪 90 年代中旬开始，笔者及研究团队在黔西南进行了包括戈塘金矿、烂泥沟金矿、晴隆大厂锑矿、滥木厂铊矿、兴仁潘家庄高砷煤矿、兴仁交乐高砷煤矿、兴义雄武高砷煤矿在内的多种金属与非金属矿床研究。

2000 年后，笔者及研究团队又对贞丰水银洞金矿、楼下泥堡金矿、晴隆老万场红土型金矿成因进行研究；尤其是对黔西南卡林型金矿成因及找矿研究一直延续至今，对峨眉地幔热柱活动特点以及对贵州中西部金矿矿床形成的控制得出一些具有突出特色的观点和认识。

从 2003 年开始，笔者对峨眉地幔热柱活动进行研究。2003～2008 年，笔者与意大利比萨大学地球科学系的教授联合开展黔西南金矿成因方面的学术研究。

2010 年，笔者及研究团队在晴隆县沙子镇一带开展地质普查及详查工作，在风化峨眉山玄武岩土壤中首次发现大型独立锐钛矿矿床。

2013～2016 年，笔者在国家自然科学基金资助下开展晴隆沙子大型锐钛矿成因机制研究。

2016～2018 年，笔者对晴隆沙子钛矿区新发现的独立钪矿床进行成因研究。

2013～2018 年，笔者还对黔南、黔西南的浅成岩浆岩——辉绿岩成矿机制开展研究。

通过长期研究工作，笔者及研究团队积累了大量的第一手资料和实践经验，这为本书研究工作打下坚实的基础。

本书首次利用峨眉地幔热柱理论、成矿系统理论对贵州西部传统成因观点认为成因类型不同的矿床群体进行再研究，既有宏观论证，又有微观研究；通过成矿系统理论有效地串起看似独立又散落的"颗颗珍珠"（各种矿床），形成矿床系列、异常系列构成的矿化网络；使各种看似成因独立的矿床形成有机联系，找到贵州西部矿床的成矿规律。本书研究不仅深化了该区成矿理论，更指示了该区的找矿远景。本书既有重要的理论意义，又有重大的运用价值。

本研究团队成员中，谢宏、黄志勇、李俊海、梅世全、郑绿林、张守义、张双菊、陈松、亢庚、田亚洲、陈世委、付斌、蔡大为、肖青相等硕士研究生参与了部分野外地质调查工作；张敏、祝明金、孙军等博士研究生参与了部分野外调查及室内研究工作。再此向他们表示衷心的感谢！

我要向研究团队中已经去世、德高望重的张竹如教授表达诚挚的敬意！张教授对于贞丰水银洞金矿床、楼下泥堡金矿床、晴隆沙子锐钛矿矿床、晴隆沙子独立钪矿床等做了大量的野外及室内研究工作，本书是对她最好的告慰！张老师，我永远怀念您！

笔者 2012 年获得国家自然科学基金项目"贵州首次发现钛矿床晴隆沙子大型锐钛矿矿床成因机制研究"（41262005）资助；2014 年获得贵州理工学院高层次人才科研启动经费项目"峨眉地幔热柱活动形成贵州西部相关典型矿床成因机制研究"（XJGC20140702）资助，2016 年又获得"资源勘查工程教学团队"贵州省双一流项目（YLDX201614）资助，这使得相关研究得以完成并促成本书出版，在此对这些项目的大力支持深表感谢！

聂爱国
2018 年 12 月 2 日于贵阳

目　　录

第1章　绪　　论

地质科学研究具有综合性、长期性、复杂性、地域性，人类对地质科学许多领域的认知还处于初级阶段。

板块构造理论虽然取得了巨大的成功，但还存在一些有待解决的问题，如地幔对流动力学机制的影响研究有待完善、对板块内部的构造岩浆活动和成矿作用研究不足等。板块构造理论极大地促进了对板块边缘成矿体系和成矿机制的认识，但是板块构造理论在解释板块内部成矿现象方面遇到了一系列困难，如成矿作用的动力来源问题、板块内部不同类型的矿床在成因机制上的关联问题等。近年来，地幔柱理论逐渐兴起，较好地解释了中生代以来的板块运动，促进了板块内部矿床成因的研究，已成为板块构造理论的必要补充。地幔柱理论克服了板块构造理论的不足和缺陷，有效地协调或解释了垂直运动和水平运动同时存在、板块运动"不能登陆"等问题。

地幔柱理论是一种新的大地构造理论，是当代地球科学研究取得重大进展的里程碑，是一种新的全球大地构造理论，涉及几乎所有地球科学分支，正在推动着继大陆漂移假说、板块构造理论之后的第三次地球科学革命(李红阳 等，2002)。地幔柱的活动控制地球的部分形成演化，地幔柱理论也引领板块构造理论的发展，它让人们对地球的形成演化产生新的认识。

贵州省是中国的矿产资源大省，尤其是贵州西部产出大型金矿、大型锑矿、大型铅锌矿、大量煤矿，还有铜矿、汞矿、独立铊矿，近年来又发现大型钛矿、大型独立钪矿及大量玉石矿等，这些矿产资源在我国的国民经济建设中占有十分重要的地位。综观贵州西部矿产资源，既有大量的贵金属矿产、有色金属、宝玉石矿产，还有大量的能源矿产及"三稀元素"矿产。这些矿产资源成矿特征迥异、成矿过程复杂、成矿作用不同、成因类型多样，形成各自独立的矿床。

这些矿产资源受控于何种成矿系统？各成矿系统之间有何联系？这是本书研究的重点。

1.1　研究的目的和意义

贵州中西部地区金、锑、汞、铊、铅、锌、铜、铁矿资源丰富，蕴藏资源量大。其中，金矿是我国滇黔桂"金三角"的主体和核心，自从 20 世纪 70 年代末在这一地区发现金矿以来，到目前为止，这一地区已探明的中型、大型及特大型卡林型金矿床已达 7 个之多。贵州省探明的黄金储量目前已近 250t，其中，亚洲第一大的水银洞金矿、亚洲第二大的烂泥沟金矿均位于此地；我国唯一的分散元素形成的独立铊矿床位于黔西南滥木厂；火山活动形成的典型超大型锑矿床位于黔西南晴隆大厂；而黔西北产出铅、锌、铜等矿产，近年来还发现可能有铂、钯等稀有矿产。这些矿床的产出地质特征较为特殊,均与峨眉山玄武岩的作用有密切的关系。近年来,通过对地球深部构造的深入研究,已证实广布在中国西南地区的峨眉山玄武岩是目前国际地学界公认的我国唯一的火成岩省。该火成岩省不仅规模巨大、组成特殊,而且形成机理复杂。它既不同于正常的洋底扩张过程,又有别于陆内拉张或裂陷,而与特殊的地幔动力作用过程——峨眉地幔热柱活动有关。随着大批金矿床被陆续发现,这一地区金、锑、汞、铊、铅、锌、铜、铁矿成矿规律的研究再次成为研究热点。

为什么这一地区会集中出现如此多的金属矿产呢?这与其所处的特殊大地构造位置有关。这一地区地处印度洋板块与欧亚板块挤压造山及太平洋板块向欧亚板块俯冲挤压的复合地带,这种特殊的大地构造位置导致这一地区地球内部强烈的地幔动力作用——峨眉地幔热柱活动的形成。峨眉地幔热柱活动是目前世界上公认的少数几个地幔热柱活动之一,正是峨眉地幔热柱漫长、强烈的活动才形成贵州中西部地区丰富的矿产资源。

涂光炽研究了二叠纪—三叠纪亚洲重大地质事件:南北向地幔柱串的形成、地幔柱岩浆成岩成矿的若干特点、地幔柱岩浆形成特色矿床、地幔柱成矿的不均一性、地幔柱原始岩浆贫硫的若干显示及地幔柱成矿机制等[①]。李红阳等(2002)研究了幔柱构造的研究现状、基本理论和主要识别标志,幔柱构造与板块构造、岩浆作用、变质作用、成矿作用及全球环境变化等方面的关系。牛树银等(1996,2001)应用地幔热柱多级演化的地学理论对华北地区地壳演化、岩浆活动、变质作用及元素成矿和找矿进行了深入研究。王登红(1998,2001)研究了地幔柱的概念、分类、演化与大规模成矿。邓晋福等(1996)从大陆动力学角度研究了中国大陆根-柱构造。侯增谦等(1996)研究了峨眉火成岩省的结构、成因与特色。宋谢炎等(2002)研究了峨眉山玄武岩的地幔热柱成因。卢记仁(1996)研究了峨眉地幔热柱的动力学特征。徐义刚和钟孙霖(2001)、徐义刚(2002)研究了峨眉山大火成岩省的地幔热柱活动证据及其熔融条件。高振敏等(2004)对峨眉地幔热柱成矿作用进行分析。刘丛强和黄智龙(2004)研究了地幔流体及其成矿作用。Pirajno(2000)论述了矿床与地幔热柱的关系。Chung 和 Jahn(1995)、Chung 等(1998)研究了中国南方在二叠纪—三叠纪地层中峨眉地幔热柱活动形成的峨眉山玄武岩流体及岩石在地球化学方面的演化和形成过程;Anderson(1981)研究了地幔的化学柱、热点、玄武岩与地幔的演化、板块构造与热点及绿岩带起源的热柱与热点等。Hill 等(1991)研究了地幔热柱与大陆构造、幔柱构造与稳定大陆地壳的演化。Coffin 和 Eldholm(1994)研究了大火成岩省的地壳构造、尺度及外部序列。Amdt 等(1993)研究了大陆喷溢玄武岩火山活动的地幔及地壳分布状况。

前人对峨眉山玄武岩成因及成矿研究很多,但绝大多数停留在地壳研究范围,对玄武岩分布区出现的矿床多注重单个矿床的研究,即使从成矿规律角度研究也仅仅考虑喷发的峨眉山玄武岩分布区内矿床的成因关系等,对于其他酸性及碱性火成岩成因及所形成的矿床则没有与峨眉山玄武岩形成联系,更没有从整个火成岩形成的角度对其加以思考;这极大地禁锢了研究者的思维,同时也片面而肤浅地利用了地球提供给人类认识上地幔的天然样品——基性-超基性岩。必须充分利用这一天然岩石提供的信息,探求地球深部的奥秘。

---

① 涂光炽, 2005. 地幔柱成岩成矿若干问题讨论. 贵州省第二届矿产资源战略发展研讨会(内部刊物)。

峨眉山玄武岩的形成只是庞大地幔岩浆活动——峨眉地幔热柱活动的一个分支,峨眉地幔热柱活动构造岩浆活动时限不是狭义的晚古生代,它只代表峨眉山大火成岩省的活动形成时间。整个峨眉地幔热柱活动及诱导其他构造岩浆活动是一个漫长的地质历史过程,它经历晚古生代到中生代,甚至可能延续到新生代的早期,这被滇黔桂地区发现的许多地质事实以及一些地质学家所证实。

　　但是,峨眉地幔热柱活动如何影响贵州西部的区域成矿背景、诱发热水、产生成矿物质,热水沉积作用如何导致多种金属矿床的形成等深层次问题,目前国内外几乎没有开展相关的研究。当前,在贵州西部金属矿床的地质特征、成矿作用、控矿条件、地球化学特征、找矿方向、赋存状态、工艺加工特性与选冶工艺试验等方面,已有地质部门及有关高校、科研院所进行了较为深入的研究工作,得出较多研究成果,这对认识该地区金属矿的成因及形成过程产生了积极的作用。综观已有的研究成果,对贵州西部单个金属矿床研究较多,对群体金属矿床研究较少;对地球浅层作用研究较多,对地球深层作用研究较少;从热液成矿作用角度研究较多,从地幔岩浆成矿作用角度研究较少;而且前人把精力投入在峨眉地幔热柱本身的活动及产生的峨眉山大火成岩省的形成演化机理以及形成的岩浆矿床、岩浆热液矿床等方面的研究,对峨眉地幔热柱活动与层控矿床成因研究较少,而对峨眉地幔热柱活动形成峨眉山玄武岩及相关火山作用如何控制贵州西部多种金属矿床的成因及成矿规律机制这方面内容根本没有涉及,更没有从成矿系统的角度加以审视和探究。通过峨眉地幔热柱活动控制贵州西部成矿系统研究,将对上述问题给予解释和回答,本书对此进行了有益的尝试和探索,弥补了此研究领域的缺憾。

　　峨眉地幔热柱活动如何带来大量金属成矿物质,如何形成贵州西部大地构造主体格架,如何导致晚古生代—中生代的古地理及沉积相的形成,如何形成成矿物质聚集场所,如何运移成矿物质,如何导致贵州西部多种金属矿床最终形成,这些矿产资源都属于什么样的成矿系统,成矿系统之间有何联系,这一系列问题是本书的主要研究内容。

1.2　研究内容、研究目标及研究方案

1.2.1　研究内容

　　本书重点分析峨眉山玄武岩及相关岩浆作用形成演化过程与贵州西部成矿地质背景形成的关联,推算贵州及邻区各时期峨眉山玄武岩及相关岩浆作用活动时间,探寻峨眉山玄武岩及相关岩浆作用导致贵州西部多种金属成矿的物源证据,解剖峨眉山玄武岩及相关岩浆作用演化形成贵州西部晚古生代—中生代的古地理及沉积相;追踪峨眉山玄武岩及相关岩浆作用的物质来源贡献和含矿建造;探讨峨眉山玄武岩及相关岩浆作用过程中成矿物质的活化迁移成矿过程及成矿作用,研究峨眉山玄武岩及相关火山作用形成贵州西部多种金属矿床的成因机制,探讨峨眉地幔热柱活动控制下贵州西部成矿系统,凝练区内矿床成矿规律。

1.2.2 研究目标

(1)力求论证贵州及邻区各时期峨眉地幔热柱活动,推算各时期峨眉山玄武岩及相关岩浆作用活动时间,判别峨眉山玄武岩及其相关岩浆作用在贵州西部形成的区域构造格架,解剖由此产生的贵州西部各种导矿配矿容矿构造,查明峨眉地幔热柱活动形成贵州西部区域地质背景,探讨峨眉山玄武岩及其相关岩浆作用对贵州西部地质矿产的影响效应,研究峨眉地幔热柱活动控制下贵州西部成矿系统,凝练区内矿床成矿规律。

(2)分析峨眉地幔热柱活动对贵州西部泥盆纪、石炭纪、二叠纪、三叠纪沉积环境的控制和含矿建造的形成作用,查明峨眉山玄武岩及其相关岩浆作用对贵州西部多种金属矿床的物质来源贡献;探讨峨眉山玄武岩及其相关岩浆作用控制贵州西部多种金属矿床的成矿过程,研究峨眉山玄武岩及其相关岩浆作用形成贵州西部多种金属矿的成矿作用、成矿时间,探寻贵州西部峨眉山玄武岩及其相关岩浆作用控制下的多种金属成矿作用规律。

(3)总结峨眉山玄武岩及其相关岩浆作用形成贵州西部多种金属矿床的成矿过程、研究成矿作用、凝练成矿机制,分析峨眉地幔热柱活动控制下贵州西部成矿系统,凝练区内矿床成矿规律。

1.2.3 研究方案

(1)在广泛检索、收集峨眉地幔热柱活动以及峨眉山玄武岩及其相关岩浆作用对贵州区域地质、构造、矿产形成影响等相关资料的基础上,对贵州西部地区有代表性的地层、构造、岩浆岩、沉积岩石、典型矿床进行实地调查,测制贵州西部有代表性的峨眉山玄武岩剖面以及地层、岩石剖面,通过相关分析测试,力求论证贵州各时期峨眉地幔热柱活动,探究峨眉地幔热柱活动和峨眉山玄武岩及其相关岩浆作用对贵州西部地质矿产的影响效应。

(2)通过实地调查和室内研究工作,分析贵州西部多种金属矿床形成的岩相古地理及沉积环境背景,判别峨眉地幔热柱活动在贵州西部形成的区域构造格架以及多次峨眉山玄武岩及其相关岩浆作用形成的各种区域构造、地热异常、岩浆活动,解剖由此产生的贵州西部各种导矿配矿容矿构造,查明峨眉山玄武岩及其相关火山作用控制贵州西部的区域地质背景。

(3)探寻峨眉山玄武岩及相关岩浆作用形成贵州西部多种金属矿床的成因证据;在贵州西部的西北—东南方向系统测制2条或3条峨眉山玄武岩剖面、测制多条有代表性的岩石地层剖面、采集代表性样品;实地考察多个典型金属矿区,选取有代表性的多个不同类型金属矿床,系统采集有代表性的样品;研究贵州西部成矿地区的古地理及沉积相;通过解剖贵州西部有代表性的金属矿床、镜下分析岩石矿石成分结构变化、探讨成矿物质变化情况、相关样品的多种同位素分析、微量元素测试、稀土元素测试、岩矿样品的光学显微镜鉴定、电子探针及扫描电镜分析、单矿物含金测试等,达到对峨眉山玄武岩及其相关岩浆作用控制贵州西部多种金属矿床形成的物质来源、成分特征、矿石结构构造、成矿作用、成矿过程等进行研究，探寻贵州西部成矿系统及成矿规律之目的。

(4)综合整理、归纳、分析获取的所有贵州西部峨眉山玄武岩及其相关岩浆作用控制下多种金属成矿作用规律的信息，总结峨眉山玄武岩及其相关岩浆作用形成贵州西部多种金属矿床的成矿过程、研究成矿作用、凝练成矿机制，研讨峨眉地幔热柱活动控制下贵州西部成矿系统，凝练区内矿床成矿规律。

1.3　研究工作简述

峨眉地幔热柱活动及成矿是一个前沿性的研究课题，也是近年来地学工作者研究的热点问题之一。本书首次将峨眉地幔热柱活动及由此产生的峨眉山玄武岩及其相关岩浆作用与贵州西部多种金属矿床成因相结合，判别峨眉地幔热柱活动在贵州西部形成的区域构造格架，解剖由此产生的贵州西部典型矿床的导矿配矿容矿构造，查明峨眉山玄武岩及其相关火山作用对贵州中西部地质背景的影响，研究峨眉山玄武岩及其相关岩浆作用控制贵州西部多种金属矿床的成矿作用及成因机制，从成矿系统角度探寻贵州西部峨眉山玄武岩及其相关岩浆作用控制下多种金属成矿作用规律。本书从一个新的视角和深度探讨贵州西部多种金属矿床的成因机制，将各单一矿床的成因有机联系起来，弥补了前人研究的不足和缺憾，对全面、深刻认识峨眉地幔热柱活动形成峨眉山玄武岩及其相关岩浆作用成矿的内涵具有极大的启迪作用。

笔者及研究团队从 20 世纪 90 年代中期开始在黔西南对戈塘金矿、烂泥沟金矿、晴隆大厂锑矿、滥木厂铊矿、兴仁潘家庄高砷煤矿、兴仁交乐高砷煤矿、兴义雄武高砷煤矿等多种金属与非金属矿床开展研究；2000 年后又对贞丰水银洞金矿、楼下泥堡金矿、晴隆老万场红土型金矿成因进行研究；尤其是对黔西南卡林型金矿的成因及找矿研究一直延续至今，对峨眉地幔热柱活动特点以及对贵州西部金矿矿床形成的控制有一些独特的观点和认识。

笔者从 2003 年开始对峨眉地幔热柱活动进行研究，对峨眉地幔热柱活动影响贵州区域地质、构造、岩浆活动等有较为深入的理解，并考察过邻近贵州的云南、广西境内的卡林型金矿，进而探讨峨眉地幔热柱活动对贵州西部矿产资源的形成贡献，发表了一些相关的学术论文。2003～2008 年，笔者与意大利比萨大学地球科学系的学者们联合开展黔西南金矿成因方面的学术研究，进行黔西南水银洞卡林型金矿、紫木凼卡林型金矿的构造成矿机理研究。在研究峨眉山玄武岩成矿的同时，对峨眉地幔热柱活动形成浅成岩浆岩——辉绿岩的成矿开展研究，对罗甸—望谟一带的大理岩、罗甸玉、金、铅锌等矿床的形成进行了深入探讨。

笔者及研究团队从 2007 年开始在贵州西部的晴隆县进行地质找矿工作，于 2010 年在晴隆县沙子镇一带的风化峨眉山玄武岩土壤中首次发现大型独立的锐钛矿矿床，通过大量基础地质工作，2012 年获得国家自然科学基金立项——"贵州首次发现钛矿床——晴隆沙子大型锐钛矿成因机制研究"。在对锐钛矿矿床进行研究的过程中，又发现在晴隆沙子锐钛矿矿区锐钛矿矿体中钪的含量较高，经选矿试验后得出：采用化学选矿法，矿石中钪的选矿效果很好,在当前选冶技术条件下完全能利用,表明此处是一个大型独立钪矿床,2013年9月获得贵州省国土资源厅及贵州省国土资源勘测规划研究院评审备案。2016年12月,笔者及研究团队完成"贵州首次发现钛矿床——晴隆沙子大型锐钛矿成因机制研究"国家自然科学基金项目;2018年6月完成"晴隆沙子大型独立钪矿床成因机制研究"项目。

　　通过长期研究工作,笔者在贵州西部地区的区域地质及相关矿床成因研究方面积累了大量的基础地质资料和较为丰富的经验,这为本书研究工作提供了较高的研究平台,打下了良好的研究基础。

　　本书是笔者及研究团队20多年来在贵州西部从事多种矿床成因及找矿研究工作的总结,希望对读者有所启迪。

第 2 章　峨眉地幔热柱理论基础

地幔柱理论是当代地球科学研究的里程碑,是一种新的全球大地构造理论,涉及几乎所有地球科学分支,正在推动着继大陆漂移学说、板块构造理论之后的第三次地球科学革命。地幔柱理论思想起源于 1963 年 Wilson 提出的热点假说,地幔柱理论的提出和建立则是近二十多年的事情,在地学界引起高度重视,发展很快。它涉及太古宙到新生代各地质时代的浅部表层地壳、深部地幔甚至地核的整个地球的水平和垂直物质运动动力学体系。

2.1　地幔柱理论的起源与演化

2.1.1　地幔柱理论及其起源

地幔柱理论起源于热点假说:Wilson (1973) 首先提出热点假说,用于解释夏威夷群岛火山岩的成因,Morgan (1971,1972) 认为地幔内部存在一种上升的、圆柱状的、局部熔融的物质流即"热柱"(hot plume)。热柱到达地表之处或地幔热流上升之处即为"热点"。热柱上升可以将上覆岩石圈抬升,使地壳呈现大面积隆起并形成穹窿构造,热柱冲破岩石圈则形成热点,因此热点是热柱在地表的表现,以火山作用和高热流值及隆起为标志(Wilson,1973)。"热点"的概念仅仅代表地幔柱到达地表的现象和征状,并未揭示内部规律。

Morgan 于 1971 年进一步提出太平洋中的热点是一系列狭窄的热隆起,并将其称为地幔柱,热点是地幔柱的物质上涌形成的。Morgan 同时认为地幔柱可能起源于接近地核的地幔深部,由于热不稳定而上升,为火山作用提供热和火山物质,是板块移动的驱动力。Morgan (1971,1972) 又指出,热点是地幔顶界面隆升在地壳中的一种表现形式,是地幔柱上升的地点,并认为 Wilson 所提出的固定热地幔源区实际上是一个产于地幔底部热边界附近的热幔柱,并把炽热上升的圆筒状物质流称为地幔热柱。至此,地幔热柱构造的雏形基本建立起来了(图 2.1)。

地幔热柱具有脉动式特征。Scott 用一支细管将稀溶液从盛满蜂蜜容器的底部注入,在液柱中产生了单波,当注射速度加快时,液柱中单波由线性变为非线性。据此,Scott 等(1986) 认为地幔热柱是以单波脉冲形式向上运动,这种认识被后期许多研究者所证实、承认。

Deffeys (1972) 认为地幔热柱是由下地幔上涌形成的,Anderson (1981) 认为地幔热柱是一种化学柱,其化学成分与周围地幔物质有明显的差别。而 Olson 和 Yuen (1982) 则认为地幔热柱既是热柱,又是化学柱,并称之为地幔热化学柱。

关于地幔热柱的启动力,宋晓东等(1996)通过分析世界不同区域的南北向剖面地震波的波形，发现内核有很强的各向异性，沿内核南北向的 P 波波速比东西向的要快 3%左右，他据此提出内核差速旋转的惊人论述：推测地球内核以约 1°/a 的速率相对于地幔向东差速旋转。除此之外，研究发现地幔底部存在超低速层，其厚度不超过 40km，是地球核幔边界一个非常重要的界面(古登堡面)，这一界面两侧的核、幔存在很大的物质差、黏度差、温度差及密度差。值得一提的是，在古登堡面界面之上发育"超临界层"，即 D″ 层，该层的 S 波快速和慢速异常与上地幔中的相应异常存在相当好的对应关系和垂向上的连续趋势。正是由于在核幔边界的差异旋转及活动性很强的古登堡面界面及 D″ 层的存在，D″ 层从外地核聚集大量的放射性元素，为地幔柱的启动提供了能量保障，造成核幔物质交换及地幔热柱的启动(牛树银 等，2002)。

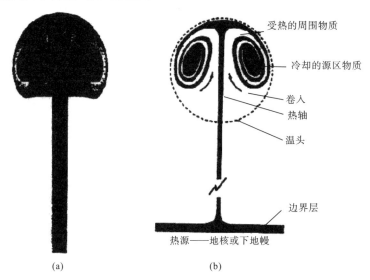

图 2.1　实验显示的地幔热柱结构(Campbell et al.，1989)

　　至此，地幔热柱理论的基础基本形成：①地幔热柱往往发育于地球的核幔边界，并且在上升的过程中逐渐扩大；②当垂直的地幔热柱上升到岩石圈底部时，幔流变为向外的撤离扩散，形成具火山活动的热异常区，并可能使岩石圈上隆；③与地幔热柱内集中的上升流相平衡的回流，由地幔其余部分缓慢地向下运动完成，形成地幔冷柱；④地幔热柱上升点，呈放射状的流体施加给岩石圈板块的合力以及板块沿边界相互制约所产生的力，确定了板块运动的方向(牛树银 等，2001)。

　　综上所述，地幔热柱理论起源于热点假说，地幔柱按照热传导形式可分为地幔热柱和地幔冷柱，地幔热柱既是热柱，也是化学柱。地幔热柱能量来源于核幔边界。

2.1.2　地幔柱构造的三层次构造

　　Maruyama(1994)将在地幔中受一些大的垂直的地幔柱流控制的动力学区域，称为地幔柱构造，提出了包括作为地幔热柱构造一部分的板块构造的地幔热柱构造学初步概念：地幔柱构造在空间上包括近地表的板块构造、中间的地幔热柱和深部的地核生长构造，板块构造是地幔柱构造的组成部分之一。

古气候、古生物、古地磁及深海钻探等研究成果有力地支撑了板块构造理论,在解决许多地质问题方面取得巨大成功。但是,深入研究发现,板块构造理论在解释某些地质问题上显得力不从心:①完整的岩石圈为什么会破裂成板块,板块构造的驱动力又是什么?②如何解释火山岛链及其生成顺序?③如何解释大陆溢流玄武岩(又称高原玄武岩)成因、大陆内部强烈的构造-岩浆活化(地台活化)及盆岭构造等一系列板内构造等。面对这些问题,越来越多的地质学家开始思索全球构造理论,由此引发了继大陆漂移假说、板块构造理论之后的第三次地球科学革命——地幔柱构造理论。

板块构造是地幔柱构造作用在岩石圈浅部的表现形式,是地幔柱构造的一个重要组成部分。地幔柱构造又是板块构造作用的深部动力机制。板块构造强调水平运动,地幔柱构造则将深部热幔柱和冷幔柱的垂直运动与浅部岩石圈板块构造的水平运动结合为一个统一的有机整体。板块构造包括大陆裂谷、大洋裂谷、海底扩张和俯冲造山等构造系统或单元;在地幔柱构造体系中,深部地幔热柱、冷幔柱构造作用,与浅部岩石圈热点活动、大陆裂谷作用、大洋扩张、硅铝壳(及洋壳)造山结合成一个有机整体(李红阳 等,2002)。地幔柱构造决定了地幔热点、大陆裂谷—大洋扩张—俯冲碰撞造山威尔逊旋回,地幔内共同存在的热幔柱与冷幔柱对流运动驱动着表层板块构造的运动。

因此,地幔柱构造并非是与板块构造相对立的理论,而是板块构造理论的深入和延伸,它不仅可成功解释地质学界一个长期的困惑——板块构造的驱动力问题,而且还解释了板块构造理论解释起来乏力的其他问题,如板内岩浆岩的巨量产出。更为重要的是,它揭示了地球深部的活动特征,沟通了地球深部与地壳浅部的物质、能量及信息交换,将地球深部活动与岩石圈活动统一起来,为深入、全面地研究地球科学拓展了空间。

2.2　峨眉地幔热柱的活动特征

2.2.1　峨眉地幔热柱活动特征

1.形态特征

地幔热柱最新理论认为,地幔热柱在空间上可分为三个层次:近地表的板块构造、中间的地幔喷流柱以及深部的地核生长构造。板块俯冲到 670km 深度时,可在那里停留100～400Ma。滞留的板块有时出现大规模的破坏性重力塌陷,并形成一个冷的下沉地幔流。下沉地幔流一旦到达核幔边界,就使其受干扰而破坏原有平衡(图 2.2);加上下沉地幔流的影响,便可激发地幔物质上涌,形成上升地幔热流柱(Maruyama,1994;罗定国,1994;王登红,1995)。

经研究,峨眉地幔热柱是中国典型的地幔热柱之一。地震层析成像编制的地幔热柱三维速度结构图(李红阳 等,2002)(图 2.3)揭示了峨眉地幔热柱在 50～450km 深度上为一复合低速柱,由若干个呈"梅花状"分布的次级亚热柱组成。其初始地幔热柱蘑菇状头部直径约为 1000～1500km,尾部区位于攀枝花一带,直径约为 250km。这一复合低速柱反映了峨眉地幔热柱纵向与横向的不均匀性和多级演化特征。活动期为晚古生代至新生代早期。岩浆活动总体演化由基性到酸性，由喷发到侵入，由海相到陆相。裂谷作用由泥盆纪至三叠纪，从南东向北西依次开裂迁移演化(李红阳 等，2002)。

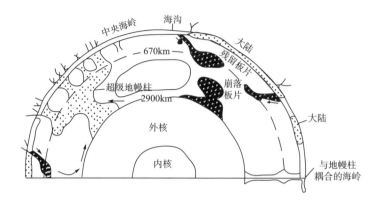

图 2.2　地幔热柱构造模式图(Maruyama，1994)

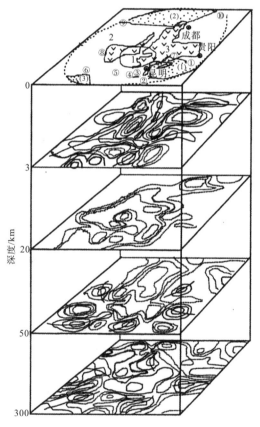

1.峨眉地幔热柱尾柱区；2.峨眉地幔热柱头部作用区；3.峨眉山玄武岩；(1)滇黔桂卡林型金汞锑矿集中区；(2)川甘陕卡林型金汞锑矿集中区；(3)滇西上芒岗卡林型金汞锑成矿区；实线表示高速异常等值线(%)及轴线；虚线表示低速异常等值线(%)；①广西大厂超大型锡多金属矿床；②都龙超大型铅锌矿床；③白牛厂超大型银矿床；④个旧超大型锡多金属矿床；⑤老王寨超大型金矿床；⑥临沧超大型锗矿床；⑦攀枝花超大型钒钛磁铁矿床；⑧金顶超大型铅锌矿床；⑨玉龙超大型铜矿床；⑩厂坝超大型铅锌矿床

图 2.3　峨眉地幔热柱的三维速度结构与我国西南地区超大型矿床和矿集区(李红阳 等，2002)

这一复合低速柱反映了峨眉地幔热柱纵向与横向的不均匀性和多级演化特征,可能是峨眉地幔热柱物质上涌时侵位、熔融等作用的结果。

2.活动时限及特征

根据地震层析成像资料和相关地质研究资料综合分析,伴随峨眉地幔热柱构造作用出现的基性-酸性岩浆活动始于晚泥盆纪,大规模发育于晚古生代二叠纪至整个中生代,可延续到新生代早期。其中,早期以基性岩浆大规模喷发活动为主,晚期以酸性及碱性岩浆大规模侵入为主,并伴有少量基性-超基性岩浆侵入与喷发活动,具体可划分为 7 个时期(李红阳 等,2002):

(1)中晚泥盆世海底玄武岩浆喷发,主要发育于右江裂谷盆地。

(2)石炭纪玄武岩浆喷发和层状基性-超基性岩体侵位,前者主要发育于右江裂谷盆地,后者以攀西地区红格岩体为代表。

(3)早、晚二叠世之间大规模峨眉山玄武岩喷发,其分布面积约 $5×10^5km^2$,为基性岩浆活动的高峰期,在贵州西部、中部、南部到东南部的凯里一带都有峨眉山玄武岩或火山凝灰物质的产出。

(4)晚二叠世酸性火山喷发,火山灰沉积遍及整个华南地区,为酸性岩浆喷发高峰期。

(5)早—中三叠世的酸性火山喷发,火山灰形成"绿豆岩"。

(6)晚三叠世基性岩浆喷发和侵入以及酸性岩浆侵入,在贵州南部也见此期的玄武岩喷发。

(7)中生代中—晚期至新生代早期,是酸性及碱性岩浆侵入活动的高峰期,小规模的基性岩浆侵入活动常常与酸性-碱性岩浆侵入活动并存,可呈基性-超基性岩体和岩墙(脉)群等形式出现。

2.2.2   峨眉地幔热柱活动的地质效应

峨眉地幔热柱起源于赤道附近,其动力学特征主要反映在四大地质事件上(卢记仁,1996):①峨眉地幔热柱的垂直上升导致康滇地区大幅度隆升,变质基底大面积出露,泥盆纪—石炭纪地层广泛缺失;②岩石圈破裂解体,峨眉地幔热柱中轴顶部岩石圈发育"三联点"构造(图 2.4),一支构成攀西裂谷的主要断裂系,另一支为龙门山断裂,沿其发生大规模走滑,第三支为炉霍—道孚断裂,沿其发育蛇绿混杂岩堆积;③玄武岩快速巨量喷发溢流,相应基性-超基性岩大规模侵位,构成面积达 $5×10^5km^2$ 的火成岩省;④海西—印支期陆壳深熔,酸性岩浆强烈喷发,其火山灰沉积(沉凝灰岩、黏土岩、绿豆岩)广布整个华南地区。据研究,峨眉地幔热柱孕育于泥盆纪—石炭纪,主体发育于二叠纪。

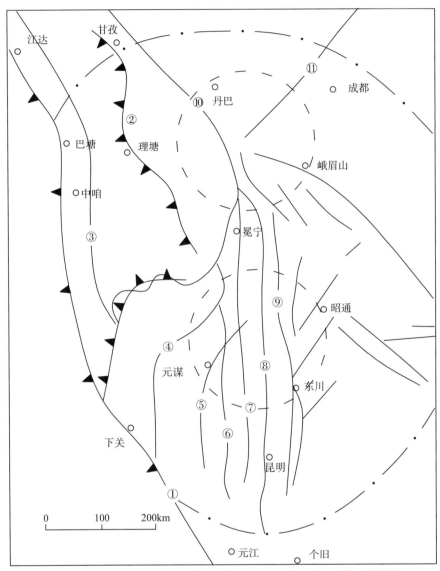

-·-·- 峨眉溢流玄武岩分布区; --- 峨眉地幔热柱(中轴)分布区,两个地幔热柱
分布区可能为同一峨眉地幔热柱于不同时期在地表迁移而遗留的轨迹

①金沙江—哀牢山缝合带;②甘孜—理塘缝合带;③锦屏山—小金河断裂;④箐河—程海断裂;⑤攀枝花—楚雄断裂;
⑥磨盘山—绿汁江断裂;⑦安宁河—易门断裂;⑧普渡河—普雄河断裂;⑨甘洛—小江断裂;⑩鲜水河断裂;⑪龙门山断裂

图 2.4 二叠纪时期形成的峨眉火成岩省及其与地幔热柱的关系(卢记仁,1996)

第3章 峨眉地幔热柱活动在贵州的表现形式及物质来源特征

3.1 岩浆活动表现形式

根据地震层析成像资料和相关地质研究资料综合分析,伴随峨眉地幔热柱构造作用出现的基性-酸性岩浆活动始于泥盆纪,大规模发育于晚古生代二叠纪至整个中生代,可延续到新生代早期。其中,早期阶段(晚古生代)以基性岩浆大规模喷发活动为主,晚期阶段(中生代—新生代早期)以酸性及碱性岩浆大规模侵入为主,伴随少量的基性-超基性岩浆侵入活动。这种由基性到酸性和碱性的岩浆演化,共包括大约7个活动时期(李红阳 等,2002)。①中晚泥盆世海底玄武岩浆喷发,主要发育于右江裂谷盆地。②石炭纪玄武岩浆喷发和层状基性-超基性岩体侵位,前者主要发育于右江裂谷盆地;后者以攀西地区红格岩体为代表。在贵州南部也有此期玄武岩浆喷发活动的显示,如平塘掌布石炭纪地层见大量火山凝灰物质及大量硅质热水沉积产物"石蛋群"(图3.1)。③早、晚二叠世之间大规模峨眉山玄武岩浆喷发,其分布面积约 $5 \times 10^5 km^2$,为基性岩浆活动的高峰期,在贵州西部、中部、南部到东南部的凯里一带都有大量峨眉山玄武岩或火山凝灰物质的产出。其实,早二叠世贵州西南部就有大量的火山凝灰物质喷发,如黔西南兴仁县下山镇一带茅口组灰岩中可见大量的火山凝灰物质,说明早二叠世火山活动的存在,这在其他地域鲜有

图3.1 平塘掌布石炭纪地层中的硅质"石蛋群"

发现。④晚二叠世酸性火山喷发，火山灰沉积遍及整个华南地区，为酸性岩浆喷发高峰期。⑤早—中三叠世之间的酸性火山喷发，火山灰形成绿豆岩，在贵州西部、中部有广泛的绿豆岩显示。⑥晚三叠世基性岩浆喷发和侵入以及酸性岩浆侵入，在贵州南部也见此期的玄武岩浆喷发。⑦中生代中—晚期至新生代早期，是酸性及碱性岩浆侵入活动的高峰期，小规模的基性岩浆侵入活动常常与酸性、碱性岩浆侵入活动并存，可呈基性-超基性岩体和岩墙（脉）群等形式出现，在贵州南部可见大量的辉绿岩岩墙（脉）群产出（聂爱国，2009）。

    总之，峨眉地幔热柱的岩浆活动持续时间长，在贵州活动、影响时期也相当长，几乎包括整个晚古生代和中生代，甚至延续到新生代早期。峨眉地幔热柱岩浆活动从老到新总体演化趋势是：从基性到酸性至碱性，由喷发到侵入，由海相到海陆交互相到陆相，由幔源到以幔源为主的幔壳混合来源。其中最典型的岩浆岩有喷出的峨眉山玄武岩、浅成侵入的辉绿岩。

3.2   峨眉地幔热柱裂谷作用

    华南地区海西—印支期地壳升降与拉张在很大程度上是由峨眉地幔热柱活动引起的。峨眉地幔热柱引发的裂谷作用具有 3 个演化期（李红阳 等，2002）：①裂谷作用初始活动期。泥盆纪，右江裂谷盆地开始发育。该裂谷盆地发育泥盆纪—石炭纪海相溢流玄武岩，以及二叠纪浅海相至陆相峨眉山玄武岩和三叠纪玄武岩。它是峨眉地幔热柱对岩石圈地幔和地壳作用引发的最早的裂谷盆地。②裂谷作用强烈活动期。早二叠世，盐源—丽江陆缘裂谷开始发育。该裂谷广泛发育海相峨眉山玄武岩，最大厚度达 5000 余米。晚二叠世为峨眉地幔热柱裂谷作用的主要发育时期，攀西裂谷逐渐形成。在其中心地带，玄武岩厚度达 2000 米，并发育双峰式火山岩组合。而且，在广大区域喷发陆相峨眉山玄武岩。但是，由于峨眉地幔热柱的自身演化和脉冲式活动，攀西裂谷未能开裂成类似于红海的大洋裂谷。晚二叠—早中三叠世，峨眉地裂运动，巴颜喀拉边缘海开裂成甘孜-理塘有限盆地。③裂谷闭合期，晚三叠世，右江、盐源-丽江、攀西等裂谷几乎同时闭合，褶皱回返。继而主要发育中生代—新生代早期陆相裂陷盆地，形成红色岩系。而伴随裂谷闭合出现的大规模酸性、碱性岩浆侵入活动，主要集中在裂谷盆地的周边地区。

    概括起来，从晚古生代泥盆纪到中生代早三叠世，峨眉地幔热柱引发的裂谷作用具有明显的从南东向北西依次迁移的特征，即右江裂谷、盐源—丽江陆缘裂谷、攀西裂谷及甘孜-理塘有限洋盆依次开裂，形成 1300km 的迁移轨迹。

3.3   峨眉山玄武岩地幔源地球化学特征

    尽管目前地幔不均一性的同位素标志似乎更为明确，然而根据放射性同位素衰变原理，某些微量元素比值与同位素比值之间存在着密切的对应关系，如 $^{87}Sr/^{86}Sr$ 与 Rb/Sr 成正比，

^{143}Nd/^{144}Nd 和 ^{175}Hf/^{177}Hf 分别与 Sm/Nd 和 Lu/Hf 成正比，这为运用微量元素地球化学方法研究地幔不均一性提供了充足的理论基础。

3.3.1　同位素地球化学

在 ^{87}Sr/^{86}Sr-^{143}Nd/^{144}Nd 相关图中，多数峨眉山玄武岩数据(Chung et al.，1998)投影于地幔区，并主要处于原始地幔、EM-1(南大西洋特里斯坦热点，Le Roex et al.，1990；Cliff et al.，1991)和 EM-2(南太平洋社会群岛热点，Hémond et al.，1994)之间，地球平均成分范围内，个别点更偏向 EM-1 和 EM-2(图 3.2)。这种特点一方面说明峨眉山玄武岩受地壳混染较弱；另一方面也说明峨眉山玄武岩地幔源具有 EM-1 和 EM-2 型富集地幔的某些特征。Weaver(1991)指出 EM-1 型洋岛玄武岩主要来源于遭受了因俯冲作用带入的远洋沉积物混染的地幔源，Hémond 等(1994)认为 EM-2 型洋岛玄武岩包含少量但比较明显的大陆的再循环物质。这表明峨眉山玄武岩的地幔源遭受了一定程度的地壳物质混染。

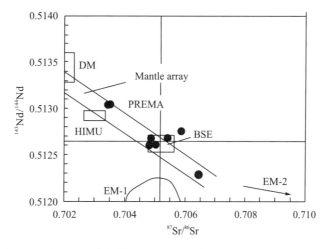

图 3.2　峨眉山玄武岩的锶、钕同位素特征(Chung et al.，1998)

DM.亏损地幔；Mantle array.幔源区；BSE.地球总成分；

HIMU、EM-1、EM-2 三种洋岛玄武岩端元的同位素成分范围；PREMA.原始地幔

3.3.2　微量元素地球化学

微量元素原始地幔标准化表明峨眉山玄武岩与 EM-1 及 EM-2 型洋岛玄武岩相似(图 3.3)，具有较高的 Nb、Ta、Ti 等高场强元素含量及较高的强不相容元素含量，为富集型地幔部分熔融的产物，显示出地幔热柱的成因特点。同时，强不相容元素含量随玄武岩基性程度的降低而增高。将峨眉山玄武岩的配分曲线与上下地壳、EM-1 型或 EM-2 型富集地幔、HIMU 型玄武岩(土布艾热点，Chauvel et al.，1992)以及 N-MORB 原始地幔标准化配分曲线进行比较，Rb-Nd 总体含量低于 EM-1 及 EM-2 型洋岛玄武岩，Sr-Lu 含量介于洋岛玄武岩与上下地壳之间，总体而言属于富集型地幔部分熔融的产物，但也有自己明显的特色：不相容元素富集程度相对偏低；弱的 Hf 和 Th 的负异常；Rb、Th、Nb 含量低；盐

源-丽江岩区由云南宾川、永宁向丽江富集程度有依次降低趋势。异常低的 Rb 含量、较高的 P 和 Ti 含量表明峨眉山玄武岩受地壳混染微弱。随 SiO_2 含量的增加，微量元素总含量逐渐增高。Sr 从负异常变为正异常，以及 Hf 负异常的出现，主要与橄榄石和辉石的分离结晶有关。因此，元素比值能更好地反映峨眉山玄武岩地幔源的特征。显然，峨眉山玄武岩的上述地球化学特征不可能是岩浆演化过程中地壳同化混染的结果(宋谢炎 等，2001)。

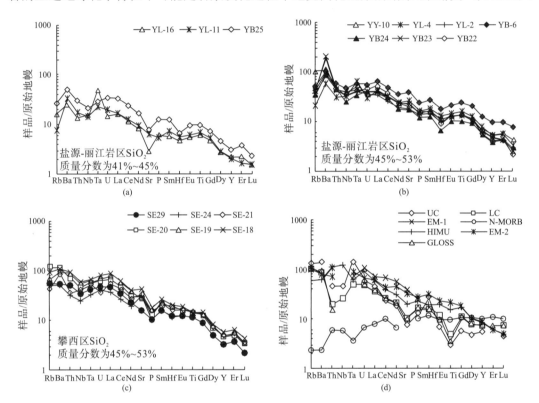

图 3.3　峨眉山玄武岩微量元素原始地幔标准化蛛网图(宋谢炎 等，2001)

UC.上地壳；LC.下地壳；EM-1 和 EM-2.两种富集型洋岛玄武岩；HIMU.受地壳物质混染的亏损型地幔；N-MORB.正常洋中脊玄武岩；GLOSS.远洋沉积物平均成分

采样地点：YY 为云南永宁；YL 为云南丽江；YB 为云南宾川；SE 为四川攀桂花二滩
分析由中国地质科学院国家地质实验测试中心完成

3.4　峨眉地幔热柱活动物源输运特征

峨眉地幔热柱胀隆产生的裂谷作用导致岩浆活动总体演化由地幔到地壳、由基性到酸性、由喷发到侵入、由海相到陆相。在这演化过程中，区域成矿构造环境、成矿条件、成矿作用不断发生变化，其成矿机制复杂多变、成矿结果多种多样，但形成的所有内生矿床物源输运存在以下特征。

地球演化早、中期，尽管地热梯度大，地幔热柱活动强烈，但由于地球物质分异性较差，金属元素没有非常大的富集，所以形成矿床数量较少，其主要矿床类型也是那些较容易富集的金属元素(牛树银和孙爱群，1999)。中生代以来，由于地球物质较完全的分异作用，金属元素主要集中在地核(牟保磊，1999)，如表 3.1 所示。但从另一角度来看，地球存在圈层结构，具有极大的内外温度差，在地球广泛进行着重力分异作用的同时，也以地幔热柱的形式进行着垂向物质调整。一旦有部分核中高金属含量物质进入核幔边界的地幔热柱系统，由于地幔热柱构造作用出现地幔隆起，幔源物质形成地幔流体(Kaneoka and Takaoka，1985)，地幔流体具有充足的物质储量、庞大的流体库和稳定的热源供给；它们上涌的部位往往是壳幔相互作用最强烈地区，地幔流体的出现不仅表现有大量深部物质注入成矿系统，而且意味着该区存在一个高热环境，为成矿作用的持续进行和形成大型、特大型矿床提供了有利条件。地幔流体成矿作用主要表现在：地幔流体本身成矿、地幔流体提供成矿物质、地幔流体提供成矿流体、地幔流体提供碱质和硅质、地幔流体提供热源(刘从强和黄智龙，2004)。峨眉地幔热柱活动产生的地幔流体形成壳幔相互作用和高热流场，构成了成矿物质大规模聚集系统。这些地幔流体在地幔热柱活动多级演化动力作用下，其中的成矿物质就以气态形式随着地幔热柱多级演化向上运移，部分金属元素随岩浆系统直达浅部壳层构造，从而构成来自地幔及地壳深部的大量成矿物质在西南地区地壳浅部或表层就位成矿(李红阳和侯增谦，1998)。在物源输运过程中，岩浆是极为有利的输运载体。其中，峨眉山玄武岩带来大量的成矿物质(以贵州峨眉山玄武岩为例，如表 3.2 所示)。

表 3.1　部分元素在地球、地核、下地幔、上地幔、地壳中的丰度值

元素	地球	地核	下地幔	上地幔	地壳
Cu/($\times10^{-6}$)	1.4×10^2	3.9×10^2	20	40	63
Pb/($\times10^{-6}$)	13	42	0.1	2.1	12
Zn/($\times10^{-6}$)	180	680	30	60	94
Ni/($\times10^{-6}$)	1.6×10^4	4.8×10^4	2×10^3	1.5×10^3	89
Fe/($\times10^{-6}$)	—	8.2×10^5	9.8×10^5	9.5×10^4	5.8×10^4
Ge/($\times10^{-6}$)	100	310	1	1.1	1.4
Pt/($\times10^{-6}$)	4.2	13	0.2	0.2	0.05
Sn/($\times10^{-6}$)	2.2	70	0.5	0.8	1.7
Sb/($\times10^{-6}$)	1.4	4.3	0.1	0.1	0.62
As/($\times10^{-6}$)	200	620	0.5	0.9	2.2
Au/($\times10^{-9}$)	800	2600	5	5	4
Ag/($\times10^{-6}$)	3.2	10	0.05	0.06	0.075

表 3.2　贵州峨眉山玄武岩部分微量元素含量表

样品编号	Au /($\times10^{-9}$)	As /($\times10^{-6}$)	Hg /($\times10^{-6}$)	Sb /($\times10^{-6}$)	Tl /($\times10^{-6}$)	Cu /($\times10^{-6}$)	F /($\times10^{-6}$)	S /($\times10^{-6}$)	Pt /($\times10^{-9}$)
贵州玄武岩[1]	22.95	92.4	3.67	94.2	1	162	1008	3325	10.43
玄武岩[2]	4.1	2	0.09	0.2	0.21	87	400	300	0.54
克拉克值[3]	4.0	1.9	0.08	0.15	0.61	38	990	230	5

分析单位：中国科学院地球化学研究所；①贵州玄武岩；②玄武岩平均值(贵州省地质矿产局，1987)；③据黎彤和倪守斌(1990)。

通过对西南地区许多矿床的铅同位素、微量元素、稀土元素进行分析证明了此论断。

如涂光炽等对金顶铅锌矿床中的矿石铅同位素测试：$^{206}Pb/^{204}Pb=18.281\pm0.09$、$^{207}Pb/^{204}Pb=15.455\pm0.09$、$^{208}Pb/^{204}Pb=38.203\pm0.233$。成矿过程中没有明显的地壳放射铅加入，与近代大洋中脊拉斑玄武岩铅同位素组成相似，表明铅主要是火山来源(肖荣阁 等，1993)。

苏文超等(2001)采用高温爆裂—淋滤—ICP-MS 流程测定贵州烂泥沟和丫他金矿石英流体包裹体中的微量金属元素(Co、Ni、Cu、Pb、Zn、Pt)含量，发现成矿流体中这些金属元素含量较高，特别是 $Pt(0.37\times10^{-6}\sim1.21\times10^{-6})$；微量元素与海水-玄武岩相互作用形成洋中脊热液成分相似。

对西南地区许多矿床(如云南个旧锡矿、广西大厂锡矿、西藏玉龙铜矿、贵州西部金矿、四川攀枝花钒钛磁铁矿等)稀土元素进行分析表明，无论是矿石还是近矿围岩，其稀土元素配分模式与峨眉山玄武岩相似(李红阳 等，2002)。

上述事实与峨眉地幔热柱活动产生地幔流体以幔源物质上涌和壳幔之间物质与能量交换的论述相吻合，西南地区主要矿床成矿物质(Au、Fe、Sn、Cu、REE、Li、Nb、Ta、Pt 等)显示明显的幔源性，指示成矿物质及矿化剂主要来源于地幔或以幔源为主的幔壳混合区(李红阳 等，2002)。

第4章　峨眉地幔热柱活动影响
贵州基础地质

4.1　贵州西部大地构造位置

贵州西部地区大地构造位置属扬子陆块西南缘的右江古裂谷上。右江裂谷的西南侧以三江褶皱带为界，南侧与华南板块紧邻，属大陆型地壳构造域的右江古裂谷。右江古裂谷主要是由西侧的小江断裂(XJF)、东侧的紫云—垭都断裂(ZYF)、南部开远—平塘断裂(KPF)控制的三角形裂谷区(图4.1)。

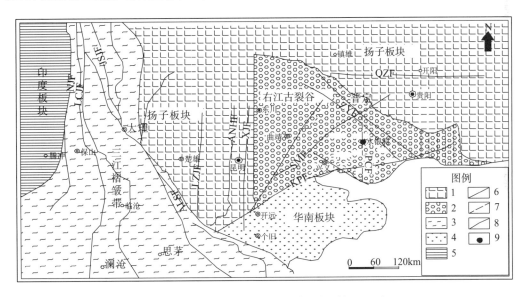

图 4.1　贵州西部大地构造图(高振敏 等，2002)

1.扬子板块；2.右江古裂谷；3.三江褶皱带；4.华南板块；5.印度板块；6.深大断裂；7.隐伏断裂带；8.构造单元界线；
9.水银洞金矿床；NJF.怒江断裂；LCJF.澜沧江断裂；JSJF.金沙江断裂；ALSF.哀牢山断裂；LZJF.绿汁江断裂；
ANHF.安宁河断裂；XJF.小江断裂；SMF.师宗—弥勒断裂；KPF.开远—平塘断裂；ZYF.紫云—垭都断裂；
QZF.黔中断裂；PCF.普定—册亨隐伏断裂

裂谷作用自泥盆纪开始，到三叠纪结束，裂谷沉积演化过程中伴随着广泛的岩浆活动，如中二叠世晚期出现以陆相为主兼有海相的大规模峨眉山玄武岩浆喷发，到早、中三叠世火山岩及相应的浅成侵入体(集中发育于裂谷中部南盘江流域及其以南地区)。

4.2　区　域　地　层

　　贵州西部地层发育较为齐全，从震旦系灯影组到第四系均有出露。晚古生代地层发育齐全(表 4.1)，类型多样，泥盆系、石炭系出现台盆相间、错落有致的地层格架。晚中生代以前主要是海相碳酸盐岩及陆源硅质碎屑岩，以后则主要为陆相沉积。

表 4.1　贵州西部区域地层简表(部分)

地层	符号	岩石地层		
新近系	N	高坎子组 Ng		
古近系	E	石脑组 Es		
白垩系	K_2	惠水组 K_2h		
	K_1	三道河组 K_1sd		
侏罗系	J_3	遂宁组 J_3s		
	J_2	上沙溪庙组 J_2s		
		下沙溪庙组 J_2x		
	J_1	下禄丰组 J_1xl		
三叠系	T_3	二桥组 T_3e		
		火把冲组 T_3h		
		把南组 T_3b		
		赖石科组 T_3ls		
		瓦窑组 T_3w		
		竹杆坡组 T_3z		
	T_2	杨柳井组 T_2y		第二段 T_2y^2
				第一段 T_2y^1
		关岭组 T_2g		
	T_1	永宁镇组 T_1yn		
		飞仙关组 T_1f		夜郎组 T_1y
二叠系	P_3	宣威组 P_3x	龙潭组 P_3l	吴家坪组 P_3w
			峨眉山玄武岩组 $P_3\beta$	
	P_2	茅口组 P_2m		
		栖霞组 P_2q		
	P_1	梁山组 P_1l		
石炭系	C_2	龙吟组 C_2l		
		马平组 C_2m		
		黄龙组 C_2h		
	C_1	摆佐组 C_1b		
		上司组 C_1s		
		旧司组 C_1j		
		祥摆组 C_1x		
		汤巴沟组 C_1t		
		革老河组 C_1g		
		者王组 C_1z		

地层	符号	岩石地层	
泥盆系	D₃	代化组 D₃d	尧梭组 D₃y
		响水洞组 D₃x	望城坡组 D₃w
	D₂	火洪组 D₂h	
		罐子窑组 D₂g	
	D₁	舒家坪组 D₁s	
		丹林组 D₁d	

4.3　区 域 构 造

贵州西部小江断裂与康滇陆块相邻，东南师宗—弥勒断裂与右江造山带相接，属扬子陆块构造单元。自古生代以来，岩浆活动频繁，构造运动强烈，矿产丰富。表层构造变形较为强烈，其主体属前陆冲断褶皱带。在平面上，应变的分带现象明显，强应变域多呈线性延伸；弱应变域则呈菱形或三角形块体。其构造方位比较复杂，主要深大断裂构造以 NW、NE 为主，构成了扬子陆块西南缘特殊的构造轮廓。正是由于处于这样一个特殊的构造位置，贵州西部构造活动频繁，深大断裂为地球深部与表层的物质和能量沟通创造极好的条件，同时也奠定了贵州西部矿产的形成基础。

该地区区域深大断裂构造以 NE 向和 NW 向断裂构造为主，SN 向、EW 向断裂构造次之，部分介绍如下。

1.NE 向断裂构造

(1)弥勒—师宗—盘州—黔西 NE 向断裂带：南起弥勒，经师宗—盘州，北至黔西一带，延伸约 500km。该断裂呈 SW 端收敛，NE 端撒开。断裂带 NW 盘以上古生界地层为主，SE 盘主要为广泛分布的三叠系地层，具有向 SE 方向逆冲推覆特征，倾角为 40°～60°。断裂带各类剪切变形构造和糜棱岩发育，具有剪切带的某些特征。

(2)南盘江 NEE 向断裂带：南自开远，沿南盘江经隆林—册亨，北至平塘一带，沿NEE 方向延伸约 400km。该断裂带由许多次级断裂组成，断裂带两侧重力异常差异明显，三叠纪沉积相变剧烈。

2.NW 向断裂构造

水城—关岭—紫云—巴马 NW 向断裂沿北盘江东侧呈 NW—SE 向延伸。在泥盆纪和石炭纪主要表现为 NW 向隆起和凹陷，在燕山运动时期呈现断续分布的系列褶皱与断裂。该断裂带在东部紫云—巴马一带逐渐收敛，在西部水城一带则逐渐撒开成束状分布。断裂带强烈糜棱岩化和片理化，糜棱岩发育。

3.SN 向断裂构造

(1)小江 SN 向断裂带：南起云南个旧，经开远、宜良、寻甸，北至巧家一带，长约500km。该断裂带为右江裂谷重要的西部边界断裂，具有长期活动特点。该断裂带在很大程度上控制了右江裂谷的构造-岩浆-成矿等地质作用。

(2)关岭—册亨—富宁 SN 向隐伏断裂带：南起富宁—那坡一带，经册亨，北至关岭—安顺一带，长约250km。该断裂带在册亨赖子山一带表现为一条长数十公里的南北向断裂构造，在贞丰百层为偏碱性超基性岩体群产出，册亨—紫云一带晚二叠世—中三叠世的沉积相变突然偏转呈南北向展布，与其东西两侧相变带的 NEE 向延伸迥然不同(聂爱国，2009)。

4.4 区域岩浆活动

区域内岩浆活动较为频繁，尤以峨眉地幔热柱活动引起的早二叠世晚期的玄武岩浆喷溢最为强烈，规模最大，其次为同源异相的浅成侵入岩——辉绿岩。

4.4.1 峨眉山玄武岩特征

峨眉山玄武岩的喷发可分为两期，如图 4.2 所示。第一期为茅口晚期，该期玄武岩零星分布于息烽、瓮安、福泉、晴隆等地，厚度较薄，一般仅为数米至数十米。茅口晚期玄武岩普遍发育杏仁构造，在岩性上又可分为三种：杏仁状拉斑玄武岩、角砾状淬碎玄武岩和拉斑玄武岩三种。

第二期为龙潭期，峨眉地幔热柱强烈活动造成大规模的玄武岩浆喷发，该期玄武岩是贵州峨眉山玄武岩的主体部分，在贵州西部大部分地区均有分布，共分为三个喷发旋回，最厚处喷发次数达 24 次。

第一旋回：玄武岩主要分布于威宁山王庙—普安一线以西，最厚处为威宁舍居乐(165m)以及以织金熊家场一带为中心形成孤岛点状展布。本旋回的玄武岩喷发属爆发式且经过一定的陆上水体搬运，分布区中心地带玄武岩厚度大，从喷发中心向外角砾逐渐变小，且喷发之初曾有短暂海侵，但随后即大面积海退暴露成陆，故仍以陆相喷发为主。

第二旋回：此旋回喷发的玄武岩面积最大，厚度由西向东不均匀地变薄，最厚处为威宁舍居乐(797m)，在其边缘局部夹有煤层。玄武岩以致密块状为主，此外见有角砾状淬碎玄武岩以及硅质岩、硅质灰岩夹层，并且发现有角砾状玄武岩的硅质胶结物逐渐增多且向硅质岩过渡的现象，由此证明玄武质熔岩已由大陆流入海盆水体之中。本旋回喷发活动具间歇性宁静溢出的韵律特征。

第三旋回：此旋回玄武岩分布由东向西逐渐退缩，最大厚度仍位于威宁舍居乐(287m)。玄武岩主要为细砾状，并多处出现粗角砾状玄武岩(包括盘州大沙坝、水城都格、威宁舍居乐等)，水城都格一带仍有凝灰岩、火山弹等出现，证明本旋回以中心式爆发为主，间有裂隙式溢出。分布区边缘部玄武岩与龙潭煤系时有交替出现，其相变关系以及岩层中夹有龙潭组的海相生物化石都可以佐证该旋回玄武岩属龙潭期喷发。

峨眉山玄武岩从岩石组合上可分为两大类，即玄武质熔岩组合与玄武质火山碎屑岩组合。玄武质熔岩组合包括喷发于陆地之上而后冷却的熔岩和流入水体中突然冷却而形成龟裂状、角砾状、砾状、球粒状构造的熔岩——淬碎玄武岩；玄武质火山碎屑岩组合包括玄武质熔结火山碎屑岩、玄武质火山碎屑熔岩、玄武质沉火山碎屑岩、玄武质正常火山碎屑岩等(陈文一 等，2003)。

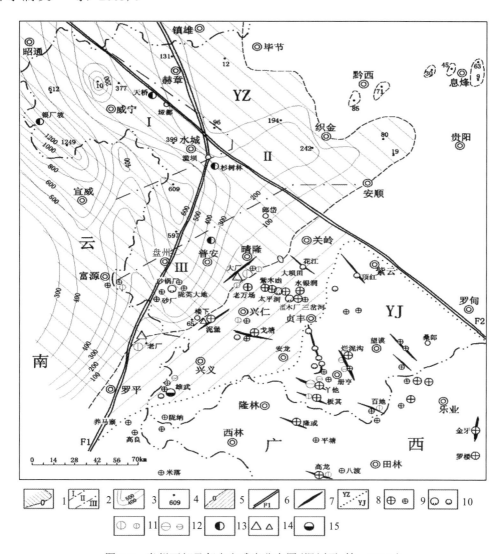

图 4.2　贵州西部及邻省玄武岩分布图(据刘平 等，2006a)

1.峨眉山玄武岩分布区及边界；2.玄武岩碱度分区：Ⅰ为钙性区，Ⅱ为钙碱性区，Ⅲ为碱钙性区；3.玄武岩等厚线(m)；4.玄武岩厚度(m)；5.玄武岩外缘凝灰岩分布区；6.深大断裂；F1.赫章—罗平断裂；F2.紫云—垭都断裂；7.背斜轴；8.扬子地块(YZ)与右江造山带(YJ)分界线；9.金矿床、点；10.汞矿床、点；11.锑矿床、点；12.砷矿床、点；13.铅锌矿床；14.萤石矿床、点；15.铀、钼矿床

按照峨眉山玄武岩的产出状态、喷发特点以及岩石地球化学特征，侯增谦等(1999)将峨眉山玄武岩省由东向西分成四个岩区，即贵州高原岩区、攀西岩区、盐源-丽江岩区和松潘-甘孜岩区。在地球化学特征上，贵州高原岩区的玄武岩显示低镁、高钛、相对贫钙、富铁，碱钙性区显然偏碱，固结指数明显较低等特点。林盛表(1991)研究论证了峨眉山玄武岩的原始岩浆是趋势的临界面玄武岩系列。它既不是典型的拉斑玄武岩系列，也不是典型的碱性玄武岩系列，这是世界上第一个临界玄武岩系列喷发物的实例。

4.4.2　辉绿岩特征

贵州辉绿岩总体出露面积小，分布零星，主要出露于贵州西部，在贵州罗甸望谟地区有大量辉绿岩出露(图4.3)。

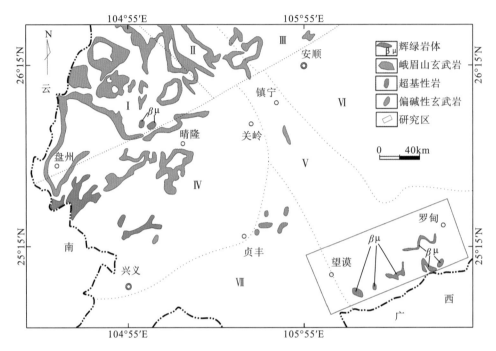

图4.3　贵州西部辉绿岩分布与峨眉山玄武岩空间关系图[据贵州省地质矿产局(1987)，有修改]

罗甸-望谟地区岩浆岩主要发育基性辉绿岩，岩体呈岩床状侵入中二叠系茅口组，基本呈顺层产出，厚度为23～144m，岩体内局部含茅口组灰岩捕房体。岩体分异程度较差，一般难以划分岩石相带，仅局部地段见到中央相的辉长辉绿岩及边缘相辉绿玢岩。此外，在罗甸县罗悃辉绿岩墙之中发现有浅成中性岩脉(郝家栩 等，2014)，黄勇等(2017)对该岩脉进行锆石 U-Pb 定年说明其形成于晚二叠世，目前研究程度较低。

区内辉绿岩的侵入时间一般认为是海西期，其形成可能与晚古生代裂陷槽盆的发展相关。辉绿岩的侵入引发区内的接触变质作用，发育于辉绿岩与茅口组灰岩之间的接触带上。内接触带以绿泥石化为主，次为绢云母化、碳酸盐化；外接触带以硅化、大理岩化为主。一般顶板围岩的变质作用比底部强，并随远离岩体的距离增加而逐渐减弱。

辉绿岩侵入二叠系茅口组灰岩中，一般在接触带 0.5～2.0m 处具大理岩化和硅化，玉石矿体即赋存于大理岩化带内。在研究区内各背斜展布区均有岩床状辉绿岩出露，因此辉绿岩与二叠系茅口组接触带成为罗甸软玉矿的找矿标志。

此外，在罗甸还发现花岗闪长斑岩脉，但其规模小，呈脉状侵入辉绿岩墙中，具有一定的成矿动力学意义，说明峨眉地幔热柱活动影响贵州岩浆活动的多样性。

4.5　区域沉积环境

贵州西部地区晚泥盆纪—早二叠世一直处于一个相对稳定时期,地壳活动主要为缓慢的升降运动,海侵鼎盛,相变不剧烈。

峨眉山玄武岩喷发前,上扬子区的岩相古地理为南北分带,自南到北依次为滇黔开阔台地、川鄂局限台地和南秦岭盆地。峨眉山大火成岩省栖霞组、茅口组等厚图也明显反映出南北分带的特点。玄武岩喷发以后,岩相古地理发生突变。首先在剖面上,上扬子区西缘由典型的碳酸盐台地转变为陆相碎屑岩沉积;其次在平面上,岩相古地理由南北分带变为东西分带,上扬子区自西南到东北依次为剥蚀区(川滇古陆)、冲积平原、碎屑岩台地和碳酸盐岩台地(冯增昭 等,1994)(图 4.4)。图 4.5 反映了地幔热柱活动造成隆升后剖面上岩相古地理变化。

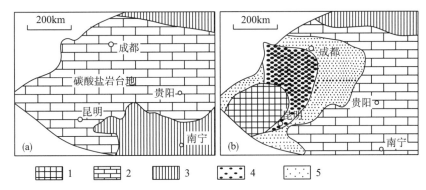

(a)茅口阶;(b)吴家坪阶;1.剥蚀区;2.碳酸盐岩台地;3.深水盆地;4.冲积平原;5.滨海平原

图 4.4　上扬子区中、晚二叠世岩相古地理变化(冯增昭 等,1994)

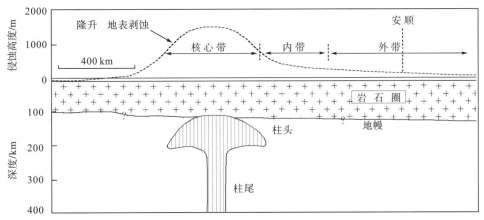

图 4.5　晚二叠世峨眉地幔热柱模式(何斌 等,2003)

注:"？"表示推测地质界线

贵州省茅口组研究较为细致,茅口灰岩分为三段,在贵州西部上段常为灰黑色含碳泥质灰岩及薄层硅质岩间夹页岩(贵州省地质矿产局,1987),这反映了水体变浅及西部的抬升,在威宁羊街等地还夹少量石英砂岩及煤透镜体更证明了这一点。上扬子区西部边缘带由于地壳差异抬升形成了茅口组上部和三道桥组碳酸盐重力流沉积-砾屑灰岩(陈智梁和陈世瑜,1987)。这些特征充分说明上扬子区西缘在茅口晚期发生了地壳快速抬升。峨眉山玄武岩形成后,上扬子区西缘的穹状隆升一直持续到晚三叠世,此后的印支运动使上扬子区西缘发生了重大变革。

中、晚二叠世时期最为强烈的一次峨眉地幔热柱活动导致地壳快速升降,贵州西部发生大面积玄武岩浆喷溢,海水向南退去,贵州大部分地区抬升为陆,形成贵州西北高、东南低的古地理格局。黔西南地区晴隆—贞丰—安龙一线,受潘家庄及紫云—垭都同生断裂的控制,这一区域为局限海潮坪-台地环境,接受来自西部的玄武岩、深大断裂导致的热水物质沉积,东部受到局限海台地边缘生物礁控制,与大洋沟通不畅。在这样的古地理环境条件下,黔西南地区形成复杂多变的海陆交替含煤岩系,而在黔西北地区则形成一套以陆相沉积为主的岩系(图4.6)。

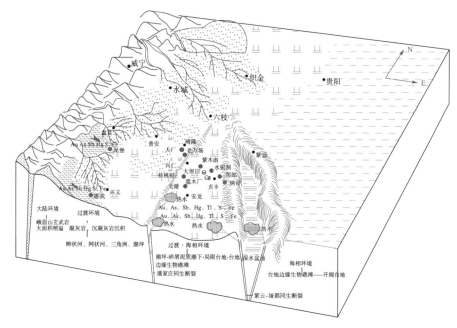

图4.6   晚二叠世贵州西部沉积环境示意图(据聂爱国,2009)

贵州古地理格局则由早、中二叠世的近东西转变为晚二叠世北东向的展布,贵州西部的沉积相带由北向南,随着海相化石、海相灰岩的增多,由陆相渐变为海陆交互相,最后转变为海相环境(图4.7)。各相带特征如下。

(1)晚二叠世由于峨眉地幔热柱强烈活动,贵州西北部地区抬升较为强烈,茅口组经短期风化壳剥蚀而形成岩溶地貌。晚二叠世,在贵州西北部的威宁地区,主要为砂页岩,富含植物化石而形成陆相沉积环境。

(2)遵义—安顺一线以西的黔西地区和黔西南地区,主要为陆源细屑沉积岩夹煤层,潮汐沉积发育,含植物化石及蜓类等海相化石,属于海陆交互的陆地边缘相区,其主体主要为潮坪-潟湖环境。

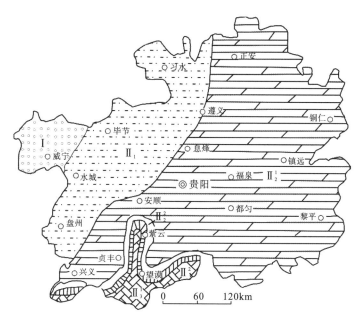

Ⅰ.陆地河流(泛滥平原)相；Ⅱ$_1$.陆地边缘相；Ⅱ$_2^1$.台地相；Ⅱ$_2^2$.台盆边缘礁滩相；Ⅱ$_3^1$.台盆相；Ⅱ$_3^2$.台盆边缘斜坡相

图 4.7　贵州晚二叠世古地理格局图(贵州省地质矿产局，1987)

(3)海陆交互相带的南东主要为灰岩，含正常的海相生物蜓、腕足类和藻类等化石，属碳酸盐岩台地相区。而在紫云—望谟—贞丰一带，为暗色泥晶灰岩，生物稀少，为较深水的台地相沉积。

(4)在台盆边缘的相对隆起上，发育了由海绵和水螅等构成的生物礁，构成台盆边缘礁滩相。由此相带往台盆方向的坡度较陡，重力流沉积发育，形成碳酸盐岩角砾岩的重力滑塌堆积，代表台盆边缘斜坡相沉积。到晚二叠世晚期，古地理格局与乐平期相似，仅海侵范围有所扩大，以碳酸盐沉积为主(贵州省地质矿产局，1987)。

4.6　区域地球物理场

从布格重力异常图(图 4.8)可知，贵州西部布格重力值从东到西逐渐减小，中间具零星的圈闭布格重力异常，表现了地台区的布格重力异常特征。在西北处靠近云南重力梯度加大，反映了从地台向地槽过渡的重力场特征。同时重力布格异常从东向西逐渐减少，说明地壳厚度逐渐加厚，织金以东地壳厚度为 45km，到威宁为 49km，基底埋藏逐渐加深，与贵州西部地层出露从东向西逐渐变新的规律大致符合(廖莉萍，2006)。

从贵州西部地区的重力等值线和莫霍面等深度图(图 4.9)可以看出，贵州西部地区深部构造为一向东凸并上翘的舌形，深部构造形态与古、中生代地表构造线方向和玄武岩的分布形态极为相似。沿盐津—水城一带呈 NW—SE 向，水城—盘州一带呈 NE—SW 向呈现一条较为明显的重力异常梯度带和地壳厚度突变带，与北西向的紫云-垭都断裂带及师宗-弥勒断裂带所在位置相近。地壳浅部近地表的地质特征可以反映沿此带有大规模的玄武岩出露及小型辉绿岩体产出，地震资料亦表明，沿此带地震活动频繁。

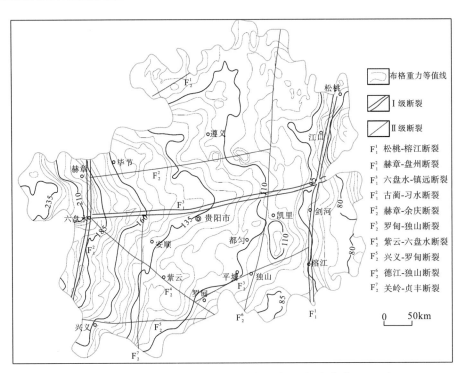

图 4.8　贵州省布格重力异常与深部构造略图(据廖莉萍，2006)

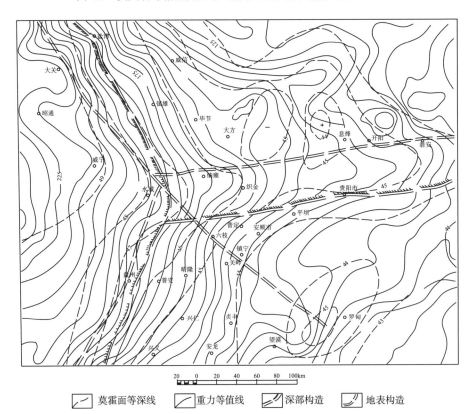

图 4.9　贵州西部重力等值线和莫霍面等深线图(转引自毛德明等，1992)

水城—贵阳一线,在平面图上,重力等值线及莫霍面等深线表现为向东凸的同形扭曲,这是深部构造因素的一种反映(图 4.9)。它与东西向纳雍—瓮安深大断裂所在位置大致一致。沿此带有玄武岩断续分布,向东于瓮安一带消失。纳雍—瓮安深大断裂西段南倾,东段北倾,由正断裂转变为压性断裂以及向南北两侧展布的平行小褶皱等特点,可认为是深部构造的存在,并对地壳浅部构造形迹起控制作用(毛德明 等,1992)。

4.7　区域地球化学场

贵州西部地区除前震旦系,地层发育较为齐全,地层岩性以碳酸盐岩、碎屑岩及峨眉山玄武岩为主,矿产丰富,如煤、磷等沉积矿产,金、锑、汞、铊、铅、锌、铁、银、铜等中低温热液矿产,现简要介绍相关地层单元地球化学背景。

震旦系:贵州西部震旦系地层出露较少,于北东部有小面积出露,岩性为陆相紫色碎屑岩及碳酸盐岩,该地层中的 Ag、As、Ba、Hg、Mo、P、Pb、Sb、Zn 等元素及氧化物的地球化学背景值较高,其中 Hg 的地球化学背景值最高,其次为 Ag、Pb、Zn、Ba、Mo、P、Sb 等。

寒武系:在区内北东部小面积出露,岩性主要为碳酸盐岩,该地层中 Hg、Pb、Th、U 等元素地球化学背景值高,相对于西部地区,Hg 的富集程度最高,其余元素为弱富集。

泥盆系:泥盆系在区内零星出露,岩性以海相碳酸盐岩为主,该地层中 Ag、As、B、Ba、Bi、Hg、Mo、Pb、W 等元素地球化学背景值较高,并且产出铅、锌、银、锑、铁等金属矿产。

石炭系:石炭系主要分布于贵州西部威宁—六盘水—普安一带以及东南部紫云以东一带,岩性主要为碳酸盐岩及硅质岩,该地层中 Ag、As、Bi、Cd、Hg、Mn、P、Pb、Sb、Sn、W、Y、Zn 等元素具有较高地球化学背景值,其中 Hg、Pb、Zn 等元素富集程度最高。同时,该地层也是贵州铝土矿、铅锌矿、银矿、铁矿等矿产的重要赋存层位。

二叠系:二叠系在区内分布广泛(不含峨眉山玄武岩),岩性主要为碳酸盐岩、碎屑岩及灰岩。该地层中的 Ag、As、Au、Ba、Cd、Co、Cr、Cu、Hg、Mn、Mo、Nb、Ni、P、Ti、Sb、V、Zn 等元素的地球化学背景值较高。其中以 Hg 富集程度最高,其次为 Cd、Cu、Ti、Sb、V 等元素;Au、Zn 等元素的富集程度不高,但变化范围大,容易形成工业矿体;Cu、Ti、V、Nb 等元素富集程度高,但元素含量离差较小,反映了地层中元素背景值较高的特点。Hg、Cd、Sb 的富集程度高,同时其离差也较大,在局部地段可能富集成矿。该地层中富集元素组合主要为一套中低温亲铜性元素组合及亲基性元素组合,可能是峨眉山玄武岩及浅成中低温成矿作用影响所致。同时,该地层是贵州金、砷、锑、汞、煤、铝土、铜等矿产的产出层位。

峨眉山玄武岩:玄武岩在区内西部地区大面积出露,主要为玄武岩熔岩、玄武质火山碎屑岩及同源异相的辉绿岩组合。峨眉山玄武岩中 Au、Ba、Be、Co、Cr、Cu、Hg、Ti、V、Ni、P、Fe_2O_3、Al_2O_3 等含量高,主要为一套亲基性岩类元素组合,较贵州西部地球化学背景值而言,峨眉山玄武岩中元素较为富集,其中 Co、Cu、Hg、P、Ti、V 等富集系数最大,其次为 Au、Ba、Ni 等。

三叠系：三叠系地层在区内发育较为齐全且分布广泛，岩性主要为碳酸盐岩、碎屑岩等，该地层中 Au、As、Sb、Hg、Ba、Be、Co、Cr、Cu、F、Hg、Ni、U、V 等元素有较高地球化学背景值，Hg 在该地层中高度富集，Au、As、Sb、Hg 等元素富集程度也较高。在该层位中产出金、砷、锑、汞等矿产。

第四系：主要是指洪冲积物，在区内零星分布，其中有 As、Au、F、Hg、Mo、Sb、U、SiO_2、Al_2O_3 等具高地球化学背景值，主要是原生地球化学高背景值元素经表生风化作用后次生富集，而后随水系沉积物一起被带入洪冲积物中导致(廖莉萍，2006)。

4.8　区域矿产资源概况及主要矿床类型

贵州西部矿产资源丰富，分布着多种金属与非金属矿产。其中，二叠纪峨眉地幔热柱活动导致的大规模玄武岩浆喷发带来了大量的成矿物质，形成了中低温矿产，如金、锑、汞、砷、铊、铅、锌等矿床；火山气液型玄武岩铜矿以及部分外生矿产，如高砷煤、高汞煤、高氟煤等矿床。除此之外，形成的矿产还有：硫铁矿、雄黄、萤石、石膏、重晶石、硅石、玉石、膨润土、高岭土等。

贵州西部主要的金属、非金属矿产主要有十一大类(表 4.2)。

表 4.2　贵州西部主要矿种及矿床类型

位置	矿种	类型	亚类	矿床实例
黔西北	铜	火山热液型	1.含自然铜-铜硫化物的玄武岩型	威宁铜厂河
			2.含铜硫化物的玄武质角砾岩型	关岭丙坝
			3.含自然铜-铜硫化物的玄武质凝灰岩型	威宁玉龙
			4.含铜硫化物-自然铜的碳质黏土岩型	威宁黑山坡
	铅锌	中低温热液矿床	—	水城杉树林
	铁	火山沉积型	—	威宁香炉山
	煤	生物沉积型	—	织纳煤田
黔西南	金	微细浸型	1.不纯碳酸盐岩型	水银洞、紫木凼
			2.陆源硅质碎屑岩型	烂泥沟、丫他、板其
			3.火山碎屑岩(凝灰岩型)	泥堡
		红色黏土型	1.崩塌堆积型	老万场
			2.原地或准原地残积型	沙锅厂
	钛	红色黏土型	喷流热水-残坡积型	晴隆沙子
	钪	红色黏土型	喷流热水-残坡积型	晴隆沙子
	锑	火山沉积-后期改造层控矿床	—	晴隆大厂
	铊	火山沉积-后期改造层控矿床	—	兴仁滥木厂
	高砷煤	沉积-改造型矿床	—	兴仁交乐
黔西南—黔南	玉石	岩浆热液型	—	罗甸-望谟

(1) 铜矿：主要分布于黔西北地区，产于峨眉山玄武岩中，容矿岩石类型多样，包括玄武质熔岩、火山碎屑岩以及沉积岩。含矿岩系主要有四种类型：①含自然铜-铜硫化物的玄武岩；②含铜硫化物的玄武质角砾岩，如关岭丙坝铜矿床；③含自然铜-铜硫化物的玄武质凝灰岩，如威宁玉龙铜矿床；④含铜硫化物-自然铜的碳质黏土岩，如威宁黑山坡铜矿床(王砚耕和王尚彦，2003)。

(2) 铅锌矿：主要分布于黔西北地区，容矿岩石主要为碳酸盐岩，矿床类型属于产于早、晚古生代碳酸盐岩中低温热液层控型矿床，如水城杉树林铅锌矿。

(3) 金矿：主要分布于黔西南地区，有微细浸染型和红色黏土型金矿床两大类型。微细浸染型金矿床主要以沉积岩为赋矿围岩，根据容矿岩石特征的差异，又可分为三个亚类。①产于不纯碳酸盐岩中的微细浸染型金矿床，包括水银洞金矿、紫木凼金矿；②产于陆源硅质碎屑岩中的微细浸染型金矿床，如烂泥沟金矿、丫他金矿、板其金矿；③产于凝灰岩中的微细浸染型金矿床，如泥堡金矿。

红色黏土型金矿床指原生金矿经过原地或者迁移不彻底的氧化作用和风化作用之后堆积形成的金矿床(王砚耕 等，1994)。黔西南地区红色黏土型金矿多为卡林型金矿的原生矿、大厂层及峨眉山玄武岩等风化富集形成，如老万场金矿等。

(4) 铁矿：主要分布于威宁水城一带，赋存于峨眉山玄武岩组第三段与宣威组之间古风化壳中，属于火山沉积型铁矿，如威宁香炉山铁矿床。此外，还有与层控矿床型有关通过热液作用形成的水城观音山铁矿床、菜园子铁矿床。

(5) 钛矿：主要分布于黔西南晴隆一带，为喷流热水-残坡积型锐钛矿矿床，矿体为风化的峨眉山玄武岩形成的红色、黄色黏土、亚黏土，如晴隆沙子大型锐钛矿矿床。

(6) 钪矿：主要分布于黔西南晴隆一带，为喷流热水-残坡积型独立钪矿矿床，矿体为风化的峨眉山玄武岩形成的红色、黄色黏土、亚黏土，如晴隆沙子大型独立钪矿床。

(7) 锑矿：主要分布于黔西南地区，赋矿层位主要为大厂层，矿床类型属于火山沉积-后期改造层控矿床，如晴隆大厂锑矿床。

(8) 铊矿：主要分布于黔西南地区，赋矿层位主要为上二叠统龙潭组和长兴组含煤岩系，汞、铊在同一矿床中伴生出现，矿床类型属于火山沉积-后期改造层控矿床，如兴仁滥木厂铊矿床。

(9) 煤矿：贵州西部煤炭资源丰富，主要赋存于上二叠统的织金纳雍水城一带的海陆交互相龙潭组、安龙兴义一带的海相吴家坪组和威宁一带的陆相宣威组中，号称"江南煤海"，如织纳煤田。

(10) 高砷煤：贵州西部地区未发现以独立矿物形式存在的砷矿床，砷通常与金、锑、汞、铊构成成矿系列。而分布于黔西南地区的高砷煤也较具有代表性，矿床类型属于沉积-改造型矿床，如兴仁交乐高砷煤矿床。

(11) 玉石矿：主要分布于黔西南、黔南的罗甸、望谟一带，属于岩浆热液型矿床。玉石矿为岩浆热液与碳酸盐围岩交代蚀变的产物，如罗甸-望谟玉石矿床。

第5章 峨眉地幔热柱活动形成
贵州典型矿床论述

峨眉地幔热柱活动造成的地球岩浆活动形成峨眉山玄武岩、辉绿岩，由此形成了贵州西部丰富的矿产资源。贵州西部的岩浆岩根据岩浆活动性状可分为两种：一种为喷出岩浆活动，形成峨眉山玄武岩；另一种为浅成岩浆活动，形成辉绿岩。二者成矿的异同如下所述。

相同之处在于：二者的岩浆同源，都是峨眉地幔热柱活动的结果，均具有幔源特征；两种岩石具有相近的化学组成、相同的形成时代；都能在地球表面形成矿床。

不同之处在于：峨眉山玄武岩浆活动意义大、影响广。它喷出地球表面，受地表地形、气候、古地理环境影响大。黔西北高为陆相玄武岩浆喷出，黔西南低属于海相玄武岩浆喷出。尤其是海相环境，喷出的玄武岩浆受到海水强电解质的海解，熔浆中大量成矿物质被解离释放出来，为矿源层或含矿地质体形成提供大量物质来源，这是造成黔西南形成大型金矿床、大型锑矿床、大型锐钛矿床、大型钪矿床、独立铊矿床、汞矿床等的主要原因。峨眉山玄武岩形成的矿床以大型为主。辉绿岩浆活动则不受地表地形、气候、古地理环境影响。它主要靠自身的内能形成动力源，靠自身的物质组成和物理化学条件变化去改变自己，影响围岩环境，导致相关矿床的形成。辉绿岩浆活动形成的矿床规模以中、小型为主。

本章就峨眉地幔热柱活动形成或控制贵州典型矿床进行论述。

5.1 贞丰水银洞金矿床

5.1.1 地质特征

贞丰水银洞金矿位于黔西南地区的中部、贞丰县境内，位于安龙-兴仁构造分区的灰家堡背斜东段。灰家堡背斜西起兴仁县大山，东至贞丰县者相，长约20km，宽约7km。已知有紫木凼金矿、水银洞金矿、滥木厂铊矿、大坝田汞矿等金、汞、铊矿床(点)十多处，沿灰家堡背斜轴部及近轴部走向(纵向)断裂带断续分布(图5.1)，形成一条近东西向金、汞、铊矿带(何立贤 等，1993)。

灰家堡背斜控制了金矿产出：灰家堡背斜核部向两翼300m范围内控制了水银洞金矿床的产出，往往形成富大矿体。

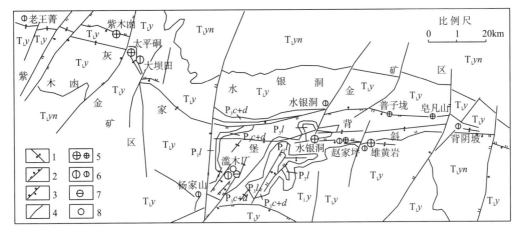

$T_1yn.$永宁镇组；$T_1y.$夜郎组；$P_3c+d.$长兴组、大隆组；$P_3l.$龙潭组

1.背斜；2.正断层；3.逆断层；4.性质不明断层；5.金矿床(点)；6.汞矿床(点)；7.铊矿床；8.砷矿点

图 5.1　灰家堡矿田地质简图

1.赋矿地层及岩石

水银洞金矿容矿地层为上二叠统龙潭组，主要岩性为细砂岩、粉砂岩、泥质岩、碳酸盐岩、硅质岩、凝灰岩、沉凝灰岩及可燃有机岩等。岩石中普遍含有百分之几到百分之几十的玄武质火山碎屑，生物碎屑含量亦较高，矿体主要赋存在生物碎屑灰岩中。生物碎屑灰岩之所以成为金的主要容矿岩石，可能是因为该类岩石有效孔隙度高及生物富集。因为不同的岩石其孔隙度是不同的，其中砂岩为 5%～25%，黏土岩为 10%～30%，石灰岩为 5%～20%(韩至钧 等，1999)。但具有决定作用的是有效孔隙度，虽然黏土岩的孔隙度可高达30%，但孔隙之间连通性差，有效孔隙率低。石灰岩等能干层类岩石在构造作用下易碎易裂，在溶蚀等作用下易于溶解并释放 CO_2，构造作用和溶蚀作用不仅可增大孔隙度，更可使有效孔隙度增加，使成矿溶液在这类岩石中得以保存。

岩性组合对水银洞金矿成矿极其重要，许多含矿性好的生物碎屑灰岩的顶底板岩性为良好的隔水层，如Ⅲc 矿体顶底板为含碳质黏土岩；Ⅲb 矿体容矿岩石为生物碎屑粉晶或泥晶灰岩，其顶板为粉砂质黏土岩，底板为碳质黏土岩及煤线；Ⅲa 含矿体容矿岩石为龙潭组第二段底部的含泥质砂质生物碎屑灰岩，其顶板为粉砂质黏土岩，底板为碳质黏土岩。上述现象暗示了能干层与非能干层对水银洞金矿含矿热液的运移及其成矿是非常重要的。

由此可见，上述含矿层与隔矿层的岩性组合是水银洞金矿成矿的重要条件：隔水性好的黏土岩、碳质黏土岩等作为良好的地球化学屏障，在金矿液运移、保存及富集成矿中起积极作用，而与之相适应的能容纳大量矿液的石灰岩起容纳、接受矿液的作用。

2.矿体特征

水银洞金矿床由矿体群组成，矿体群赋存于二叠系龙潭组(P_3l)及其与茅口组(P_2m)岩溶不整合面的碳硅质层中。其中，主矿体集中产出于龙潭组第二段中下部和第一段顶部。经钻探控制，矿体群展布在灰家堡背斜轴部，由西向东在走向上近 400m 范围内，钻探工程控制的矿体计有 40 余个，由上而下较大的矿体有 IIId、IIIc、IIIb、IIIa、IIf、IIb、IIa、Ia1 及 Ia2 等，占据水银洞金矿床总资源量的 90%以上，如图 5.2 所示。

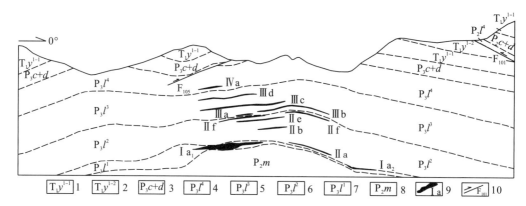

1.上三叠统夜郎组第一亚段；2.上三叠统夜郎组第二亚段；3.上二叠统长兴组和大隆组；4.上二叠统龙潭组第四段；
5.上二叠统龙潭组第三段；6.上二叠统龙潭组第二段；7.上二叠统龙潭组第一段(大厂层)；8.中二叠统茅口组；
9.金矿体及编号；10.断层及编号

图 5.2 贵州省贞丰县水银洞金矿 7 勘探线剖面图(刘建中 等，2006)

3.矿石特征

据显微镜下观察研究，水银洞金矿矿石中大多数矿物是沉积成岩阶段形成的，少数是成岩期后热液作用形成的。组成矿石的物质成分复杂，计有玄武质岩屑、玄武质玻屑、玄武质晶屑、脱玻化玉髓、自生石英、方解石、生物化石及生物碎屑；玄武质及凝灰物质含量一般为 10%～80%，主要类型有长板状斜长石晶屑、不规则状岩屑和弧形玻屑等。

矿石中脱玻化玉髓较多，玉髓呈微—细晶石英集合体，保留有圆鲕、偏心鲕的特征。矿石中生物碎屑主要有蜓、珊瑚、藻类、海绵、腕足类、棘皮类、有孔虫、层孔虫、腹足类等。主要金属矿物为黄铁矿，其次见极少量毒砂、辉锑矿、雄黄、雌黄。在热液期形成的矿石矿物有黄铁矿、毒砂、白铁矿、雄黄、雌黄、辉锑矿、辰砂；其中以黄铁矿为主，质量分数为 95%以上；毒砂常与黄铁矿共生，但富集范围相对局限，质量分数小于 5%；辉锑矿、辰砂、雄黄和雌黄以细脉状分布，仅见于 Ia 矿体和断裂型矿体中，质量分数小于 1%。脉石矿物主要是石英、白云石、方解石；见有萤石、玉髓和黏土矿物等。这些矿物常形成如下共生组合：石英-白云石、石英-细粒黄铁矿-毒砂、石英-方解石-雄黄-雌黄-辉锑矿-辰砂、粗粒黄铁矿-白铁矿等。矿石的主要构造有纹层状构造、生物遗迹构造、浸染状构造、团块状构造和细脉状构造，矿石结构以自形粒状结构、草莓结构、生物假象结构和交代结构为主。

4.载金矿物

矿石类型以原生矿石为主。矿石矿物主要为黄铁矿，矿石中黄铁矿有四种类型(付绍洪 等，2004)。

(1)草莓状黄铁矿：多呈圆形、单体或集合体产出，单体粒径小于 0.001mm；草莓状黄铁矿金质量分数为 0.02%，草莓状黄铁矿具有较高的铁、硫含量，质量分数达 46.86%和

52.43%，砷质量分数仅为 0.34%。

(2)细粒自形黄铁矿：单体或集合体产出，单体粒径为 0.02～0.05mm；细粒自形黄铁矿的金质量分数为 0.28%，铁、硫质量分数分别为 51.34%和 44.92%，砷质量分数为 3.25%。

(3)粗粒自形黄铁矿：浸染状、条带状、结核状广泛分布在矿层及矿层顶、底板和龙潭组整个岩系中。粗粒自形黄铁矿金质量分数为 0.06%，铁、硫质量分数分别为 51.81%和 45.58%，砷质量分数为 2.38%。

(4)生物碎屑黄铁矿：多呈集合体产出，呈弧形，一般为 0.01～0.005mm；生物碎屑状黄铁矿的金质量分数为 0.42%，铁、硫质量分数分别为 44.53%和 50.64%，砷质量分数高达 3.98%。

毒砂是仅次于黄铁矿的第二种金属硫化物，其质量分数大多不超过 1%，且颗粒细小(≤0.02mm)，结晶自形度高，多呈菱形、针状等。在毒砂质量分数高达 5%的矿石中含金 5.14×10^{-6}，而毒砂质量分数≤1%的矿石中含金超过 15.0×10^{-6}，鉴于毒砂本身含量少、分布局限的特点，因此毒砂不是金的主要载体。

硅酸盐矿物(主要是黏土矿物)含金质量分数为 9.88%，表明在成矿作用过程中，黏土矿物粒间或粒内吸附了部分金而成为金较主要的载体。

5.围岩蚀变特征

围岩蚀变主要有硅化、白云石化、黄铁矿化，其次有毒砂化、雄(雌)黄化、黏土化和萤石化等热液蚀变。其中，硅化、白云石化、黄铁矿化(伴有毒砂化)与金矿关系极为密切，凡金矿产出部位皆有这三种蚀变特征。有利的容矿岩石(生物碎屑灰岩或生物屑砂屑灰岩)能否成矿，取决于是否具有相应的热液蚀变。

金矿(化)常赋存于蚀变强烈、多种蚀变叠加的部位，没有蚀变或蚀变单一的岩石不含金或含金量低。

5.1.2 成矿物质来源

1.黔西南地区金地球化学背景特征

贵州省水系沉积物中 Au 的地球化学背景值为 1.06×10^{-9}，包括黔西断陷地球化学区(含威宁—水城—晴隆—兴义一带)，其地球化学背景值为 1.67×10^{-9}；右江造山带地球化学区(含贞丰—望漠—册亨等地)，其地球化学背景值为 1.05×10^{-9}；而相邻的黔南台陷地球化学区(含贵阳—罗甸一带)的地球化学背景值仅为 0.73×10^{-9}(韩至钧 等，1999；)，省内峨眉山玄武岩分布区内 891 件水系沉积物金质量分数达 2.52×10^{-9}(何邵麟，1998)。

贵州各时代岩石平均含金量为 1.50×10^{-9}，其中二叠系沉积岩平均含量为 3.09×10^{-9}，峨眉山玄武岩平均含量为 44×10^{-9}。泥堡金矿床外围无矿地段中凝灰岩含金 8.15×10^{-9}(18件)(刘平 等，2006b)，均高于基性岩的丰度值 4×10^{-9}。据杨科伍(1992)的研究成果，17件峨眉山玄武岩类岩石样品金含量为 8.0×10^{-9}～62.5×10^{-9}，平均为 23.22×10^{-9}；笔者采样 3 件，金平均含量为 19.4×10^{-9}；冉启洋和杨忠贵(1995)对 1∶5 万贞丰、大山及者相图幅区内金含量统计结果进一步研究表明：黔西南以大厂层含金量最高，其次是上二叠统地层；在岩石方面，以硅质岩最高，其次是碎屑岩及生物碳酸盐岩，特别是含玄武岩碎屑的岩石。

由上述可知，二叠系地层沉积岩中金的平均含量高出上地壳含量($1.8×10^{-9}$)1.72 倍、大陆地壳总体($1.21×10^{-9}$)2.55 倍、原始地幔($0.98×10^{-9}$)3.15 倍。

峨眉山玄武岩是巨量的，在 2～1Ma 快速喷发形成的大面积玄武岩，主要喷发期是中二叠世茅口晚期—乐平世(大厂层及龙潭组沉积期)。上述数据显示本区峨眉山玄武岩金的丰度远高于金在上地壳的丰度($1.8×10^{-9}$)及原始地幔的丰度($0.98×10^{-9}$)，也高出本区正常沉积岩金的丰度几倍至几十倍，说明峨眉山玄武岩含有丰富的金，其活动对龙潭组及大厂层中多个金矿体的形成能够提供充足成矿物质保障。上述硅质岩、凝灰岩、含玄武岩碎屑岩石、玄武岩及龙潭组地层含金量普遍较高，它们在时间上及物质来源上与峨眉山玄武岩具有密切联系。

2.成矿物质来源分析

由上述可知，峨眉山玄武岩、凝灰岩及沉积地层含金量普遍较高，均有可能为金矿床成矿提供物质来源，其中玄武岩含金量较高，规模大，含金总量大，是区域上众多卡林型金矿成矿的物质来源。

水银洞金矿床矿石矿物、围岩及玄武岩、凝灰岩的稀土元素配分如表 5.1 所示，本节将进一步探讨其成矿物质来源。

表 5.1　黔西南水银洞金矿石及含矿围岩稀土元素含量($×10^{-6}$)

岩矿石	La	Ce	Pr	Nd	Sm	Eu	Gd	Tb	Dy	Ho	Er	Tm	Yb	Lu
金矿石	39.797	74.917	9.819	38.518	7.312	2.042	7.064	1.029	5.050	1.035	2.609	0.391	2.183	0.339
玄武岩	49.759	95.941	10.045	34.302	8.269	2.663	7.514	0.995	5.374	0.986	2.639	0.298	2.088	0.301
凝灰岩	61.481	119.056	14.177	54.217	9.270	2.558	7.887	1.065	6.645	1.314	3.793	0.508	3.316	0.454
硅质岩	56.901	124.507	14.897	58.868	11.426	3.22	10.640	1.425	8.298	1.519	4.340	0.595	3.702	0.495
黏土岩	52.743	102.964	13.333	51.818	9.468	2.595	8.683	1.245	6.786	1.388	3.794	0.546	3.264	0.480
粉砂岩	68.056	146.393	18.029	73.522	14.882	3.919	13.950	1.799	9.695	1.755	4.772	0.582	3.796	0.530
生物碎屑灰岩	5.430	5.940	1.135	4.608	0.892	0.273	1.123	0.161	0.956	0.183	0.491	0.063	0.384	0.052
煤层	66.888	156.758	20.954	96.099	24.714	6.825	25.940	3.010	14.450	2.318	5.611	0.631	3.938	0.517

注：分析方法为 ICP-MS；测试单位为中国科学院地球化学研究所。

由图 5.3 可以看出，水银洞金矿石与相关岩石特别是峨眉山玄武岩及凝灰岩等的稀土配分模式极为相似，其中硅质岩、峨眉山玄武岩、凝灰岩及水银洞金矿石配分曲线最为吻合：说明峨眉山玄武岩及凝灰岩可能为水银洞金矿提供了成矿物质来源。

峨眉地幔热柱活动形成了峨眉山玄武岩，并为水银洞金矿成矿提供了物质来源，但并非所有的峨眉山玄武岩都为水银洞金矿床的形成提供了成矿物质。根据徐义刚和钟孙霖(2001)的研究成果，峨眉地幔热柱活动在能量上和物质上参与了峨眉山溢流玄武岩的形成，峨眉山两类玄武岩——高钛玄武岩和低钛玄武岩，可能是不同地幔源区物质在不同条

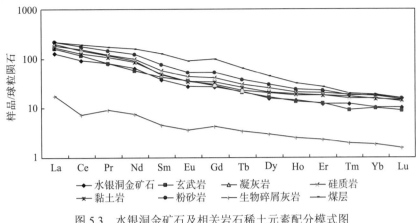

图 5.3　水银洞金矿石及相关岩石稀土元素配分模式图

件下的熔融产物：低钛玄武岩可能是地幔部分熔融程度为 16%的母岩浆形成的，代表了形成于温度最高、岩石圈最薄的地幔柱轴部；而高钛玄武岩可能是地幔部分熔融程度为 1.5%的母岩浆形成的，基本上局限在石榴子石稳定区，可能代表地幔热柱边部或消亡期地幔小程度部分熔融的产物。金为不相容元素，易进入熔体相中。当部分熔融程度较低时，金在熔体相中的含量较高。因此，峨眉地幔热柱轴部具有较高的温度和能量，能够形成规模较大的断裂，具明显的减压熔融效应，易形成部分熔融程度大(16%)的岩浆。金在这种岩浆中的含量随着部分熔融程度的增高而减小。与此相反的是，地幔柱头边部温度低，深大断裂不如地幔柱头部发育，减压熔融效应小，形成部分熔融程度较小(1.5%)的岩浆，这种岩浆金含量较大；有关研究成果显示，岩浆阶段金、银主要分散于造岩矿物及副矿物中，富集不明显(刘英俊和曹励明，1987)，这更加证明了金在岩浆阶段具有较强的不相容性；黄开年等(1988)的研究成果也证实，东岩区较西、中岩区富不相容元素。因此，高钛玄武岩含金量比低钛玄武岩高得多，这一点可以由玄武岩金含量得到验证。

　　因此，不难理解为什么峨眉大火成岩省卡林型金矿仅沿地幔热柱边缘分布：地幔热柱边部活动产生了深大断裂和富金的高钛玄武岩浆，并经地幔热柱边部深大断裂带(如紫云-垭都断裂)至地表或地壳浅部。水银洞金矿的形成乃至黔西南地区卡林型金矿的形成均与峨眉地幔热柱边部活动密不可分。

　　水银洞金矿石的主量元素地球化学特征及稀土元素地球化学特征进一步指示峨眉山玄武岩参与了含矿岩系的形成，并通过其带来的金形成了矿源层：水银洞各金矿层中 TiO_2 质量分数为 0.917%～1.484%，平均为 1.104%，远大于大陆地壳总体值 0.70%。峨眉山玄武岩具有高 TiO_2、高 TFe_2O_3 特征，TiO_2 质量分数为 3.60%，贵州境内峨眉山玄武岩具有更高的 TiO_2、高 TFe_2O_3 含量。从其他主量元素的含量也可以看出，水银洞金矿石具有高 TiO_2、高 TFe_2O_3 等特征，说明峨眉山玄武岩提供了成矿物质，因为 Ti 在外生条件下为较稳定的元素，一般不形成可溶性的化合物(刘英俊和曹励明，1987)。水银洞金矿石中高钛含量揭示了峨眉山玄武岩可能通过喷发-沉积方式进入沉积盆地，参与矿源层的形成。

　　另外，峨眉山玄武岩及各岩石稀土元素含量及矿物成分特征可以证明这一点：水银洞各类岩石及峨眉山玄武岩稀土元素含量比世界上同类岩石稀土元素含量高得多，且水银洞各岩矿石的稀土元素含量与峨眉山玄武岩相差不大(生物碎屑灰岩除外),继承了峨眉山玄武岩的高 REE 含量。稀土元素在风化条件下倾向于保留在黏土矿物中,不易被流水带入沉积盆地内,说明峨眉山玄武岩通过喷发-沉积方式进入沉积盆地。组成矿石的物质有玄武质岩屑、玄武质玻屑、玄武质晶屑等,玄武质及凝灰物质质量分数一般为 10%~80%,主要类型有长板状斜长石晶屑、不规则状岩屑和弧形玻屑等。另外,黔西南地区火山物质-玻屑凝灰岩及火山集块岩更加证明了这一点。

综上所述,峨眉地幔热柱的脉动式活动,造成峨眉山玄武岩多次火山喷发-沉积,形成多层矿源层,这是水银洞金矿床空间形成上多层矿体重叠的先决条件。

5.1.3 含矿建造形成及金的初步富集

1.峨眉地幔热柱活动形成水银洞金矿沉积环境

晚二叠世,峨眉地幔热柱隆升,改变了中国西南地区沉积格局。在贵州西部表现为掀斜式抬升,造成西北高、东南低的构造格局,贵州赫章—六盘水—盘州以西至康滇古陆成为陆源地,其余部分被海水淹没,海浸方向为贵州南面从南至北。各相区的分布极有规律,晚二叠世,由北西向南东,依次为陆相—海陆交互相—海相,各相之间均呈犬牙交错、逐渐过渡关系。相区中,各种沉积相带的横向分布亦有规律。黔西和黔西南地区,潮坪发育,沉积陆源碎屑岩夹煤层,既有植物化石,又含蜓、腕足等海相化石,属海陆交替相区,其主体为潮坪、潟湖-碎屑泥质潮下-局限碳酸盐台地环境。一方面气候温暖潮湿,植物繁茂,另一方面受海水及淡水的双重影响,利于泥炭沼泽的形成和发展,正是在这种特殊的古地理环境条件下,陆源碎屑海岸平原地域形成了复杂而多变的海陆交替相含煤岩系。

由图 4.6 可见,在峨眉地幔热柱活动作用下产生了紫云—垭都同生断裂、潘家庄同生断裂及册亨弧形同生断裂。水银洞金矿床位于潘家庄同生断裂与紫云—垭都同生断裂所挟持的局限环境中:紫云—垭都同生断裂呈北西走向,晚二叠世活动强烈,其南西盘下降,北东盘上升,控制了浅水碳酸盐台地相与深水盆地相的分界。

潘家庄同生断裂呈北东走向,晚二叠世活动强烈,断裂两盘龙潭组厚度含煤性有较大差异,其北西盘的普安糯东、楼下、泥堡一带,煤系一般厚 310m 左右,而在南东盘的兴仁苞谷地,龙潭组厚度增大至 380m 左右。正是在潘家庄同生断裂与紫云-垭都同生断裂共同控制下,在黔西南贞丰、兴仁、安龙一带煤田及金属矿产分布区形成潮坪-潟湖至局限碳酸盐台地环境。该环境地势低缓,龙潭组煤系地层中存在大量沉积成岩期黄铁矿,说明当时的环境较为闭塞,与海水的循环交替性能差,这有利于峨眉地幔热柱活动产生的火山喷溢物质的大量聚集。

2.峨眉地幔热柱活动形成水银洞金矿含矿建造

如前所述,晚二叠世,峨眉地幔热柱的脉动式活动造成峨眉山玄武岩多次喷发,黔西南贞丰、兴仁、安龙一带形成局限的潮坪-潟湖至局限碳酸盐台地环境。该环境东部受局限台地边缘生物礁相控制,与大洋沟通不畅,有利于火山喷溢物质的大量聚集。大量的峨眉山玄武岩进入这一水体，由于海解作用，玄武岩中大量的 Au 及其他微量金属元素被分解出来呈极分散均一状态进入这一水体沉积盆地，随着古海平面的变化，沉积于龙潭组煤系地层中，形成以金为主的多层含矿建造。

从野外采集未蚀变岩石进行含金量的测定，结果显示未蚀变灰岩、泥灰岩及粉砂岩等均含金，一般为 $n×10^{-9}$，太平洞香粑河矿段钻孔中煤层含金为 $4×10^{-9}$，水银洞金矿外围龙潭组和长兴组地层含金量较高，平均为 $4.82×10^{-9}$～$5.73×10^{-9}$，尤以含玄武岩屑的岩石突出；冉启洋和杨忠贵(1995)通过对黔西南地区 1∶5 万大山幅、者相幅及贞丰幅基岩的含金性进行统计，结果显示测区潮坪相含金量最高，其中碳酸盐潮坪为 $5.73×10^{-9}$，浑水潮坪为 $4.82×10^{-9}$，次为台地边缘藻滩相，为 $3.00×10^{-9}$，开阔台地相为 $2.92×10^{-9}$，三角洲相为 $2.90×10^{-9}$，显示出潮坪相对金等成矿物质的富集作用，说明水银洞金矿含矿建造存在。

同时，峨眉地幔热柱的脉动式活动造成地壳颤动频繁，黔西南地区地壳上下"振荡"，伴随海侵和海退发生海水频繁交替，形成以生物碎屑灰岩-泥质岩-砂岩-泥质页岩-煤层为主的含矿建造。水银洞金矿外围龙潭组和长兴组地层中有十余个厚度小于 1m 的薄煤层，反映了海水小规模频繁进退这一特点。陈文一等(2003)和郑启钤(1985)也认为，峨眉山玄武岩浆的多次间歇喷发，黔西南地区地壳颤动频繁，形成复杂的含矿岩系。

这种含矿建造大体可以划分为两部分：一部分以石灰岩为代表，这种岩石有效孔隙率高，透水性好，能干性强，易破碎，在金矿成矿中起容矿作用；另一部分以泥质岩石为代表，这类岩石有效孔隙率低，透水性差，塑性强，能干性差，对矿质的沉淀与富集起着隔挡屏蔽的重要作用。

5.1.4 成矿流体形成

峨眉地幔热柱的强烈活动造成大规模峨眉山玄武岩浆喷发，并使黔西南处于古地热高值区，古地温梯度在 2.3℃/100m 以上，最高可达 5℃/100m，本区已经发现的金、汞、锑、砷、铊等矿床皆分布在古地热异常带。毫无疑问，这样一个热流状态环境，为热流体最初形成提供了主要热源(王砚耕 等，1995)。

结合贵州西部早二叠世茅口晚期以来，特别是中侏罗世至晚白垩世岩浆活动可知，大规模的峨眉山玄武岩浆喷发及后续的峨眉地幔热柱活动提供了黔西南地区以地下水热液成矿作用为主的金矿和锑、汞(铊)、砷等矿床形成所必需的热源。

根据矿石矿物的氢氧同位素分析可知：黔西南的热液除海水外，还包括大气降水、岩浆水和地下水，受岩浆热、地热和构造热等作用，在深部被加热并长期发生对流，沿途从火成岩或含矿建造中萃取出大量成矿物质，形成含矿热卤水。

2006 年 10 月，贵州省地质矿产勘查开发局在水银洞金矿断层破碎带 ZK02 钻探施工中，钻探到井下仅仅 200m 时，喷出热水，水量为 200m³/h，水温为 38℃；热水成分以硫化物为主，并且硫化氢居多，这更加证明热水在黔西南地区的广泛存在。

通过前述分析可以推论：处于二叠系大厂层、含矿建造中的 Au 及其他微量元素呈极分散均一状态；但在峨眉山玄武岩的多次喷溢作用下，这一地域形成含水层、隔水层岩石频繁交替的复杂沉积韵律构造，由于峨眉地幔热柱活动形成区域热异常，大气降水、海水、地下水(包括承压水、潜水、包气带水等)及岩浆水等深渗循环不断从峨眉山玄武岩、大厂层、含矿建造中萃取大量的 Au 等成矿物质，形成以金硅络合物、金硫络合物等形式迁移的成矿热液。

5.1.5　幔柱构造活动对矿区成矿构造影响

1.含矿褶皱

水银洞金矿床产出于灰家堡背斜，该背斜为峨眉地幔热柱活动在燕山期形成的矿田主体构造，该背斜为一宽缓短轴背斜，控制了多种矿种、多个矿床的产出：沿背斜轴部由西向东控制老王箐汞矿点→紫木凼金矿床→太平洞金矿床、汞矿床→扬家湾汞矿点→滥木厂汞矿床、砷矿点、铊矿床→三岔河金矿床→水银洞金矿床→雄黄岩金矿点、汞矿点→普子垅金矿点→皂凡山金矿点→背阴坡汞矿点→那郎金矿床→坡稿金矿床→纳哥金矿床(聂爱国 等，2008)。因此，灰家堡背斜对成矿的控制作用是不容忽视的。

水银洞金矿床受灰家堡背斜的控制作用尤其明显：金矿体呈似层状产出于近东西走向的灰家堡背斜轴部附近 300m 范围内，矿体形态与背斜形态一致，向两翼逐渐变贫变薄直至尖灭(刘建中和刘川勤，2005)。

沿背斜核部，次级褶曲构造也较发育，矿体的增厚变薄和延伸尖灭在一定程度上受这些次级褶曲的控制，并控制了背斜东段的雄黄岩、赵家坪金矿点，中段的滥木厂铊矿床及西段的紫木凼金矿床。吴德超等(2003)研究了黔西南地区叠加褶皱对金矿成矿控制作用，认为黔西南地区燕山—喜山运动期间发生过 4 期褶皱。其中，灰家堡背斜属限褶型褶皱(当早期褶皱较宽缓，而晚期褶皱又不很强的情况下，往往在早期褶皱缓翼发育叠加褶皱，但不跨过其轴部)。

综上所述，灰家堡背斜经历了峨眉地幔热柱燕山期以来的多期构造活动，造成褶曲形态复杂化。多期构造活动对应多期热液活动，对金矿的迁移富集可能具有重要作用。

2.断裂

燕山期以来的峨眉地幔热柱活动在灰家堡背斜范围产生大量的断裂构造，从断裂构造延伸方向可以划分为三类，近东西向组断裂、南北向组断裂及北东向组断裂。根据成矿时间与构造破裂时间可以划分为成矿期断裂和成矿期后断裂。

成矿期断裂：以近东西向的 F10 断层为代表，断层性质多为压扭性质，倾角较缓，断裂近东西走向，与背斜轴线基本一致，为纵向断层。断裂具压扭性质，规模较大，具有多期活动特征。

成矿期后断裂：后者以 F6、F11 断裂为代表，其中，F6 为北东向断裂，F11 为南北向断裂，它们均对矿体起破坏作用：南北向断裂为与背斜轴近于垂直的横向断层，规模较大，断层倾角较陡，具张扭性质。这组断裂往往横切背斜而破坏东西向构造，因而对金矿体起破坏作用。从野外调查结果来看，该断裂至少有两期活动。北东向断裂主要发育于背斜翼部，多为正断层，与背斜交切，往往利用、改造、限制南北向断层，对金矿体起破坏作用。

　　水银洞金矿的主要容矿断裂是：介于上二叠系龙潭组与中二叠统茅口组之间的区域性层间滑动带及不同岩性的接触面，由于差异性的构造应力作用，层间滑动形成大量的层间断裂及破碎带，控制着水银洞金矿床的 Ia1、Ia2 等矿体。

　　因此，水银洞金矿体受构造控制作用十分明显，特别是受灰家堡背斜及其中的层间滑动带构造控制尤其突出。

5.1.6　成因机理

1.矿质运移、沉淀方式

　　在水银洞金矿床含金建造形成之后至燕山晚期大规模卡林型金矿改造成矿的漫长过程中，含矿热液在整个地质体系循环过程中萃取大量 Au 等成矿物质是以何种方式运移成矿物质的？Au 等成矿物质又是以何种方式被最终改造成矿？这是研究水银洞金矿成因必须要解决的问题。

　　20 世纪 70～80 年代，Seward(1973，1976)和 Henley(1973，1991)对 Au-S 和 Au-Cl 配合关系分别进行了研究，从而对金的迁移方式有了较为统一的认识。在较还原和近中性的介质中，金在热液中主要呈 $[Au(HS)_2]^-$ 形式迁移，在氧化和酸性条件下则呈 $[AuCl_2]^-$ 形式进行活化迁移。然而，这仅解释了金与硫和氯的关系，而未涉及金与二氧化硅的关系。20 世纪 90 年代，樊文苓等(1995)、王声远和樊文苓(1994)及涂光炽(1988)进行了实验研究，金在酸性和碱性含硅热液中均可与 SiO_2 形成稳定的 $AuH_3SiO_4^0$ 络合物。Au 在含 SiO_2 水溶液中的溶解度随 SiO_2 浓度和氧逸度的增高而增高，富硅热液有利于金呈 $AuH_3SiO_4^0$ 形式活化迁移。当溶液中 SiO_2 浓度由于硅化作用降低时，将导致 $AuH_3SiO_4^0$ 不稳定沉淀出 Au。这正是卡林型金矿床中硅化与金矿化密切相关的根本原因所在。

　　一般说来，SiO_2 在自然界中较丰富，其对金的活化迁移要比 S 和 Cl 更具有普遍的地球化学意义，而且与 $[AuCl_2]^-$ 和 $[Au(HS)_2]^-$ 相比，$AuH_3SiO_4^0$ 更为稳定，具有更强的携带和迁移金的能力；另一方面，除硫含量较高的条件下 $[Au(HS)_2]^-$ 浓度大于 $AuH_3SiO_4^0$，伴随 SiO_2 浓度的增高，含硫含硅热液体系中的 $AuH_3SiO_4^0$ 将逐渐取代 $[Au(HS)_2]^-$ 成为金活化迁移的主要形式；而在含氯含硅体系中 $AuH_3SiO_4^0$ 的浓度远高于 $[AuCl_2]^-$，即对金的活化迁移而言，金-硅配合作用的意义将远远超过金-氯配合作用。因此，金硅络合物对金的活化迁移能力可能远超过金氯配合物和金硫配合物，这也正是卡林型金矿床中硅化无处不在、硅化远强于黄铁矿化等热液蚀变的关键所在(王声远和樊文苓，1994)。因此，可以说黔西南金矿中的金主要是以 $AuH_3SiO_4^0$ 形式迁移，其次才可能是 $[AuCl_2]^-$ 和 $[Au(HS)_2]^-$ 的迁移形式。含大量金等成矿物质在对流循环热液中又是如何沉淀的呢？

　　在燕山期峨眉地幔热柱强烈活动的背景下，在形成灰家堡背斜过程中，含矿热液受构造驱动沿层间滑动带向背斜核部迁移。当构造应力进一步加大，超过了含矿建造的岩石破裂极限，在灰家堡背斜核部产生了成矿期纵向逆断层及层间破碎带，应力突然释放、成矿热液气体挥发分大量散失、成矿热液发生沸腾，伴随成矿热液的浓度、温度、压力、pH

和氧逸度等物理化学条件的改变，含矿热液体系快速远离平衡态，使络合物失稳，SiO_2的浓度达到过饱和状态，主要呈 $AuH_3SiO_4^0$、$[AuCl_2]^-$ 和 $[Au(HS)_2]^-$ 络合物形式运移的金伴随着大量隐晶-微晶二氧化硅-似碧岩和热液期黄铁矿及含砷、锑、汞等硫化物的沉淀而成矿。

在龙潭组中、下部地层，由于层间断裂构造广泛发育，含矿热液在灰家堡背斜核部沉淀成矿，形成水银洞金矿床品位较高的层状、似层状矿体。

2.水银洞金矿成因及成矿模式

水银洞金矿形成过程中成矿作用是多样的，流体是多来源的，有深部岩浆来源、大气降水来源及海水来源等。用峨眉地幔热柱理论解释这些成矿作用和成矿过程，推论水银洞金矿成因机制如下。

峨眉地幔热柱活动形成水银洞金矿包含海西—印支期至燕山期整个漫长的地质作用过程。

海西—印支期：海西—印支期峨眉地幔热柱强烈活动，峨眉地幔热柱穹状隆起，改变了中国西南地区沉积格局。其中，黔西南部分地区（包括水银洞）由原来的开阔碳酸盐台地沉积相变为潮坪-潟湖至局限碳酸盐台地相。同时产生张性深大断裂，沟通了地幔的物质和能量，在贵州西部及周边形成了多个火山口，峨眉山玄武岩浆喷发，形成高钛玄武岩，在贵州西部高原广泛分布。峨眉山玄武岩及其中的金通过火山-沉积作用进入这一相对闭塞的潮坪-潟湖至局限碳酸盐台地沉积环境中，通过海解作用，金等成矿物质被大量释放出来，形成了初步富集的含金建造（矿源层）。地幔热柱的脉动式活动造成多次海侵与海退，在纵向上形成以灰岩-黏土岩（或煤层等）能干层与非能干层的岩石组合；峨眉地幔热柱的脉动式活动造成峨眉山玄武岩的多次喷发，形成多层含金建造；同时峨眉地幔热柱活动形成区域热异常，大气降水、海水、地下水及岩浆水沿着各种断裂、裂隙深渗循环不断从峨眉山玄武岩、大厂层、含矿建造中萃取大量的 Au 等成矿物质，形成以金硅络合物、金硫络合物等形式迁移的含矿热液。

燕山期：峨眉地幔热柱再次强烈活动，在形成灰家堡背斜过程中，产生大规模的断裂构造及层间滑动构造，大量的含矿热液通过断裂构造沿着层间滑动带及层间破碎带向灰家堡背斜核部迁移。当构造应力进一步加大时，在灰家堡背斜核部产生成矿期逆冲断层及层间破碎带，成矿体系从封闭变成开放，应力得以释放，含矿热液的物理化学条件改变，热液体系快速远离平衡态，使络合物失稳，金伴随着大量隐晶-微晶二氧化硅-似碧岩和热液期黄铁矿及含砷、锑、汞等硫化物的沉淀而成矿，形成水银洞金矿。

5.2 楼下泥堡金矿床

泥堡金矿的大地构造位置处于扬子陆块与华南褶皱系右江褶皱带分界线北侧的扬子陆块西南缘内，在岩浆岩分布上，矿区位于峨眉山玄武岩喷发外缘的凝灰岩分布区，矿区内未发现玄武岩的分布。矿床内的构造较为发育，以断层和褶皱为主，从整个矿床的宏观范围来看，与矿体的分布和形成有直接关系的大型构造为二龙抢宝背斜和 F_1 断层，如图 5.4 所示。

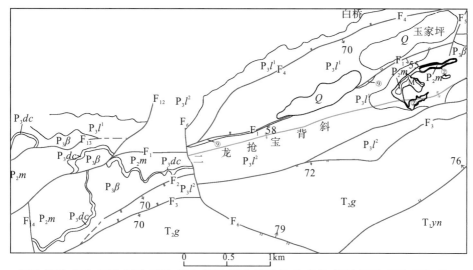

1.第四系；2.中三叠统关岭组；3.上二叠统龙潭组第二段；4.上二叠统龙潭组第一段；5.峨眉山玄武岩组；6.大厂层；7.中二叠统茅口组；8.辉绿岩；9.层间破碎带；10.整合地层界线；11.不整合地层界线；12.背斜轴线；13.岩层产状；14.矿体及编号；15.逆断层及编号；16.性质不明断层及编号；17.正断层及编号

图 5.4　泥堡金矿矿床西段矿体分布情况地质略图(据贵州地矿局 105 地质队资料修编)

5.2.1　矿床地质特征

泥堡金矿的原生矿从分布规模和品位上看，分布有 4 个主要矿体，它们分别是分布于峨眉山玄武岩组 $(P_3\beta)$ 中以及大厂层 (P_3dc) 与峨眉山玄武岩组 $(P_3\beta)$ 之间层间滑动带中的②、④、⑤号矿体，在 2008～2010 年勘探工作中最新发现的沿 F_1 断层破碎带分布于龙潭组下段 (P_3l^1) 的⑨号矿体。所有这些矿体都呈现似层状、透镜状且基本顺层产出，除了⑨号矿体之外，其他矿体形态都较为简单，有一定的层控特征，甚至一度被视为沉积矿产的展布规律来部署地质工作(陶平　等，2004)。矿体具有埋藏浅、矿体厚度大、品位较低、多层分布等特点，如图 5.5 所示。

泥堡金矿矿石中的矿物种类繁多，其中主要矿石矿物有黄铁矿、褐铁矿、毒砂、辉锑矿、雄黄、雌黄、辰砂等；脉石矿物有石英、高岭石、方解石、白云石、萤石、绢云母、有机碳、变质沥青等。其中，黄铁矿为该区最主要的载金矿物，其次成矿期所形成的硅化石英、黏土矿物和萤石与金的形成和赋存在成因上有着直接的联系。

矿石主要结构有凝灰结构、自形—半自形粒状结构、不等粒结构、他形填隙结构、交代结构、莓状结构、生物碎屑结构、碎裂结构。矿石构造主要有块状构造、脉状构造、浸染状构造、角砾状构造。

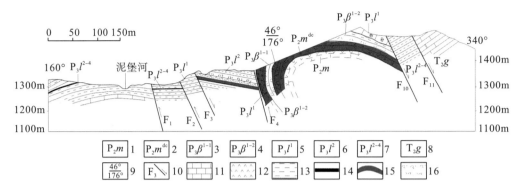

1.茅口组；2.茅口组大厂层；3.玄武岩组第一段；4.玄武岩组一至二段；5.龙潭组第一段；6.龙潭组第二段；7.龙潭组二至四段；

8.关岭组；9.岩层倾角及倾向；10.断层及编号；11.灰岩；12.凝灰岩；13.黏土矿物14.煤层；15.矿体；16.玄武质熔岩

图5.5 泥堡金矿床构造剖面图(陶平 等，2004)

凝灰结构：主要见于峨眉山玄武岩组($P_3\beta$)岩屑凝灰岩类矿石中，由火山碎屑和胶结物组成。玻屑和岩屑成分是凝灰岩和玄武质凝灰岩，多呈浑浊状，火山碎屑物的粒级一般小于2mm，其与胶结物的界限绝大多数不明显，仅少数外形清晰明显。

自形—半自形粒状结构：主要见于黄铁矿中，黄铁矿呈立方体或五角十二面体产出，但这种黄铁矿多由成岩时期沉积作用所形成，几乎不含金，矿石中最多见的是黄铁矿的半自形粒状结构，此外，矿石中还有少量毒砂呈自形菱形产出。

不等粒结构：指由粒级和自形程度不同的石英组成的结构，多见于峨眉山玄武岩组($P_3\beta$)和大厂层(P_3dc)上部的凝灰质次生石英岩矿石中。

他形填隙结构：早期形成的矿物中，由于构造应力作用产生裂隙和空隙，这些裂隙和空隙又被后期热液作用形成的矿物所充填。

交代结构：指早期结晶出来的矿物被后期形成的岩石交代溶蚀形成的结构，在矿石中主要见石英交代碳酸盐类矿物(主要是方解石、白云石)，黄铁矿、毒砂交代生物碎屑以及少量黏土矿物的交代残余。

莓状结构：是指众多细粒黄铁矿规则或不规则排列堆集而成，在本矿区十分常见、各个含金层位均有发育，对于莓状黄铁矿的成因尚有争议(尚浚 等，2007)，在此不加赘述。

生物碎屑结构：主要见于龙潭组含生物碎屑次生石英岩或生物碎屑灰岩中，并常伴随有交代结构和碎屑结构。矿石含海百合、苔藓虫、蜓类和腕足类等生物碎屑，成分以他形粒状和半自形石英、玉髓为主，另有少量方解石、黄铁矿、褐铁矿以及黏土矿物。

碎裂结构：指矿石在强烈构造应力作用下发生碎裂变形的结构，矿石中粒状的黄铁矿和石英多见此结构，此结构反映了该区构造应力的强烈程度。

块状构造：凝灰岩，灰岩、砂岩常见有块状构造。

脉状构造：石英、方解石、高岭石、黄铁矿等呈脉状或网脉状填充于岩石的裂隙或解理中。

浸染状构造：黄铁矿在矿石中呈稀疏浸染状或稠密浸染状分布。

角砾状构造：先期形成的岩石、金属硫化物在构造应力的作用下形成角砾，后又被胶结物胶结而成。

卡林型金矿中的岩石是否含矿，含矿多少，在一定程度上来说取决于是否受到相应的热液蚀变或热液蚀变的强度。在含矿岩系中，一般原始沉积的岩石是不含矿的，只有经过含矿热液的作用才能聚集起来，所以反复的热液蚀变和多种与矿化有关的蚀变叠加，往往成为一定的找矿标志。

泥堡金矿矿区内主要的热液蚀变类型有：黄铁矿化、硅化、褐铁矿化、黏土化、辉锑矿化、毒砂化、绢云母化、白云石化、绿泥石化、重晶石化等，其中以黄铁矿化、硅化、毒砂化、黏土化与金矿的成矿关系最为密切。

5.2.2　成矿物质来源

二叠纪茅口晚期，峨眉地幔热柱强烈活动导致多条深大断裂的形成，峨眉山玄武岩浆频繁喷发形成大规模的玄武岩几乎遍及贵州西北部和西部地区，厚度从黔西北威宁县舍居乐一带最厚的 1300m 到 0m 不等。峨眉山玄武岩浆喷发的威力巨大、覆盖范围广，因此在峨眉山玄武岩分布的周边地区常见大规模由于火山灰沉积作用而形成的凝灰岩、沉凝灰岩，称为凝灰岩分布区(陶平 等，2005)。泥堡金矿就产于峨眉山玄武岩分布区的东部边界外缘，属于凝灰岩和沉凝灰岩的分布区。在泥堡金矿矿区，凝灰岩主要分布于上二叠统峨眉山玄武岩组中，少量分布于上二叠统龙潭组中，凝灰岩为矿区内主要的含矿岩石并与金矿的分布密切相关。

杨科伍等(1992)通过对 17 件峨眉山玄武岩类岩石样品进行分析测试，得出这些玄武岩类岩石样品中的金含量为 $8.0 \times 10^{-9} \sim 62.5 \times 10^{-9}$，平均为 23.22×10^{-9}。晴隆附近 12 件玄武岩平均含金量更高达 200×10^{-9}。泥堡矿床周围无矿地段凝灰岩 18 件样品平均含金量 8.15×10^{-9}(刘平 等，2006b)。笔者在泥堡金矿矿区内沿一条剖面依次采集 7 件凝灰岩样品，并对它们进行了分析测试，得出这些凝灰岩中平均含金量高达 526×10^{-9}，这些数据都远远高于贵州省岩石中金的平均含量 1.50×10^{-9}(何立贤 等，1993)，也高于金在地壳中的平均含量(约 4×10^{-9})(聂爱国，2009)。这些数据说明了峨眉山玄武岩和凝灰岩含有丰富的金，峨眉山玄武岩的大规模喷发可为泥堡金矿的形成提供丰富的成矿物质。

通过对矿区内 7 件凝灰岩样品、1 件黔西北威宁县舍居乐峨眉山玄武岩样品(SJL1-2)和 1 件黔西南晴隆县峨眉山玄武岩样品(QL-2)进行分析测试，得出的分析结果和特征参数列于表 5.2，并做出了所测样品球粒陨石标准化稀土元素配分模式图(图 5.6)。

表 5.2　泥堡金矿稀土元素、金含量分析数据及稀土元素特征参数($\times 10^{-6}$)

元素及特征值	Lppβ -1 (凝灰岩)	Lppβ -2 (凝灰岩)	Lppβ -3 (凝灰岩)	Lppβ-5 (凝灰岩)	Lppβ-8 (凝灰岩)	Lppβ-9 (凝灰岩)	Lppβ-10 (凝灰岩)	SJL1-2 (玄武岩)	QL-2 (玄武岩)
La	86.70	47.20	85.40	108.50	104.00	72.20	63.50	42.10	25.30
Ce	167.50	80.00	171.00	208.00	173.00	114.00	112.00	98.30	52.10
Pr	18.30	8.37	18.95	22.00	22.10	15.00	13.50	12.35	7.19
Nd	71.80	29.90	72.30	81.90	89.70	58.20	51.90	50.60	32.30
Sm	13.60	4.27	12.65	12.45	14.50	10.65	7.68	10.80	7.34
Eu	2.43	0.91	2.11	2.21	2.99	2.65	1.93	3.27	2.22
Gd	9.97	2.50	9.92	8.40	9.87	9.47	4.84	11.00	8.15

续表

元素及 特征值	Lppβ -1 (凝灰岩)	Lppβ -2 (凝灰岩)	Lppβ-3 (凝灰岩)	Lppβ-5 (凝灰岩)	Lppβ-8 (凝灰岩)	Lppβ-9 (凝灰岩)	Lppβ-10 (凝灰岩)	SJL1-2 (玄武岩)	QL-2 (玄武岩)
Tb	1.84	0.45	1.81	1.70	1.60	1.54	0.82	1.59	1.31
Dy	11.10	2.87	10.65	10.45	9.92	7.77	4.94	8.03	7.42
Ho	2.63	0.71	2.32	2.42	2.34	1.65	1.20	1.52	1.42
Er	8.15	2.42	6.97	7.15	7.27	4.64	3.82	3.98	4.11
Tm	1.24	0.35	0.97	1.02	1.05	0.62	0.55	0.48	0.56
Yb	8.61	2.38	6.25	6.59	6.87	3.86	3.59	3.03	3.45
Lu	1.31	0.36	0.88	0.91	0.99	0.55	0.53	0.42	0.46
Y	74.60	21.70	64.60	66.50	73.40	46.60	37.80	37.10	39.10
ΣREE	405.18	182.69	402.18	473.70	446.20	302.60	270.80	247.47	153.33
LREE	360.33	170.65	362.41	435.06	406.29	272.50	250.51	217.42	126.45
HREE	44.85	12.04	39.77	38.64	39.91	30.10	20.29	30.05	26.88
LREE/HREE	8.03	14.17	9.11	11.26	10.18	9.05	12.35	7.24	4.70
La$_N$/Yb$_N$	7.22	14.23	9.80	11.81	10.86	13.42	12.69	9.97	5.26
δEu	0.61	0.78	0.56	0.62	0.72	0.80	0.90	0.91	0.87
δCe	0.98	0.91	1.00	0.99	0.84	0.81	0.89	1.04	0.93

分析测试单位：澳实矿物实验室(ALS Minerals - ALS Chemex)。

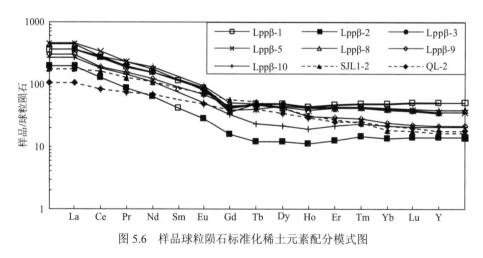

图 5.6　样品球粒陨石标准化稀土元素配分模式图

　　上述研究说明，峨眉山玄武岩提供了金等成矿物质，对赋矿地层的形成有着十分重要的意义。而这些峨眉山玄武岩是峨眉地幔热柱活动的直接产物，也得到学者们的广泛认同，可以说峨眉地幔热柱的活动为泥堡金矿，乃至整个黔西南金矿矿集区提供了物质来源。

5.2.3　特殊的区域构造

　　区域深大断裂一般由于其规模巨大、切割深，是岩浆活动的主要通道之一，它们控制着区域上地壳深部甚至地幔的物质与地表的物质交换，并直接影响区域构造和地形，是泥堡金矿形成的先决因素。

陈毓川等（1996）认为扬子陆块边缘拗陷和周边陆缘活动带从整体上控制了我国微细浸染型金矿分布，其中以扬子陆块西北陆缘和西南陆缘与陆间印支褶皱带的交接部位最为重要，几乎集中了所有大型和特大型微细浸染型金矿床。

黔西南金矿矿集区在大地构造位置上正好处于扬子陆块西南缘与华南褶皱带西缘的结合区域附近，并受多条深大断裂控制形成了一个近似于三角形的控制地带，这些深大断裂规模大、切割深、活动频繁，它们常成为岩浆通往地表的喷发通道，喷发方式主要为裂隙式喷溢，伴随有多断裂交汇复合式喷溢，呈现多期次间歇性喷发。李红阳和侯增谦（1998）研究认为峨眉地幔热柱的活动在很大程度上引起华南地区海西—印支期地壳升降与拉张，也就是说，黔西南地区发生于海西—印支期的区域大断裂在很大程度上是峨眉地幔热柱活动带来的裂谷作用引起的。这些大断裂成为深源物质持续上侵的主要通道，并有利于黔西南海盆中海水深入地表下的渗透循环，如此循环的热水流体不断从地壳深部淋滤、萃取大量有用元素，同时裂谷作用使得岩浆活动频繁，导致异常的高热流值，黔西南地温梯度在贵州境内相对最大，属于高值区（大于 2.3℃/100m），可见，地幔热柱引起的裂谷作用为成矿流体提供了物质和热能来源，它们常成为热水流体运动的诱发因素和喷溢通道（Rona，1988；Rona et al.，1983；Rona and Scott，1993；王涛 等，2004）。

尽管峨眉地幔热柱经过二叠纪大规模的喷发与侵位，剧烈的活跃性已逐渐失去，但其残留部分仍停留在地壳底部，当在适当的条件下，岩浆依然会沿深大断裂上侵（王登红，2001），带来 Au 等成矿物质的同时持续释放出大量热能，为地下水加热并萃取围岩中的 Au 提供持续的热能来源。

5.2.4　沉积环境

泥盆纪—早二叠世，黔西南地区是一个以海相沉积环境为主的相对稳定时期，构造活动不频繁。中二叠世末，峨眉地幔热柱开始剧烈活动，导致贵州西部峨眉山玄武岩大面积喷发，地表也随着峨眉地幔热柱的活动而抬升，使得贵州总体呈现西北高、东南低的古地理格局。沉积相带也逐渐转变为近北东向排布（图 4.6），自西北向东南方向，由陆相渐过渡为海陆交替相，最终彻底变为海相环境（贵州省地质矿产局，1987）。峨眉地幔热柱的剧烈活动导致黔西南金矿矿集区内及周边的深大断裂异常活跃，海水往水城—盘州—兴义一带呈频繁的脉动式进退，泥堡金矿矿区就处于这样一种海陆交互相的沉积环境中。

从图 4.6 可以看出，峨眉地幔热柱的活动形成了潘家庄和紫云—垭都两条大型同生断裂，其中呈 NW 向展布的紫云—垭都同生断裂在二叠纪随着峨眉地幔热柱的活跃而活动剧烈，并沿此断裂形成了局限台地边缘生物礁相的环境，将黔西南水盆地包围形成了一个大型局限海潮坪台地相的沉积盆地。由于该局限台地边缘生物礁相的控制作用，盆地与大洋沟通不畅，这十分有利于深源含矿物质喷出地表后，经水解作用在此盆地中富集，不会被轻易地带入大洋进而流失。从泥堡金矿龙潭组和峨眉山玄武岩组光片中，发现存在大量的沉积期黄铁矿，这些黄铁矿呈自形结构或草莓状结构，发育较为完整。说明当时的沉积环境较为闭塞且稳定，处于还原的环境中，这印证了之前所说的该沉积盆地与大洋海水沟通不畅的说法，这样特殊的沉积环境为含矿物质的初步富集和含金建造的形成创造了有利条件。

5.2.5　含金建造

中二叠世茅口期末，峨眉地幔热柱开始强烈活动，导致贵州西部地区大规模的地表抬升，泥堡金矿矿区内广泛存在沉积间断，二叠系茅口组灰岩由于裸露溶蚀形成大小不等、底部高低不平，同时被溶锥、溶丘隔开的水盆地，它们构成了一个个不同的地球化学矛盾带——表生带短距离内迁移条件明显交替，并导致化学元素富集的地段（彼列尔曼，1975）。

这种地球化学矛盾带的形成正值峨眉地幔热柱喷发的活跃期，大量玄武岩浆或凝灰岩爆发和溢出地表，在茅口组灰岩之上发生热蚀变作用，又经盆地内海水的水解作用（聂爱国 等，2006），形成一套赋存于茅口喀斯特不整合面之上的凝灰质次生石英岩、角砾状硅质岩、硅质岩等组合的特殊地层——大厂层。

在大厂层之上，峨眉地幔热柱引起岩浆活动的持续作用，这些岩浆活动规模巨大，虽然矿区内没有发现玄武岩，但其处于玄武岩分布区边界的外缘，也受到岩浆活动的直接影响，在区内沉积了大量的凝灰岩和沉凝灰岩，构成了峨眉山玄武岩组。峨眉山玄武岩组是峨眉地幔热柱在矿区内喷发的直接产物，能够较好地反映矿床形成与峨眉地幔热柱在成矿物质来源上的关系。

晚二叠世龙潭期，峨眉地幔热柱的大规模喷发活动有所减弱，但构造运动仍处于活跃的状态，区域深大断裂的剧烈活动导致海水在矿区内频繁进退，矿区在潮坪相、台地相间多次交替更迭，形成复杂的含矿岩系，玄武岩和凝灰岩中的 Au 及其他成矿物质被海水水解并在龙潭组中得到富集。

可见，大厂层、峨眉山玄武岩组、龙潭组含金量都较高，虽尚未成矿，却造成了成矿元素的初步富集，构成泥堡金矿床的含金建造。

5.2.6　后期构造改造

在黔西南卡林型金矿矿集区，许多研究成果都表明区内卡林型金矿的形成是受构造作用控制的，甚至一些矿床和矿点有着极为相似的构造特点，比如常伴随有背斜和背斜中的构造破碎带。彭扬奇认为，黔西南地区卡林型金矿的构造控矿作用明显：矿床、矿带以及矿田都受到背斜或背斜加断裂因素等的控制，几乎所有金矿床都与背斜或穹窿构造有关，金矿体均集中分布于背斜轴部或靠近轴部的翼部（刘东升，1994）。

在泥堡金矿的形成过程中，构造对含矿物质起到最直接的运移和定位作用。燕山期，峨眉地幔热柱的再次强烈活动导致矿区内形成大量的断层和褶皱构造，这些构造改变了含矿热液在泥堡金矿中原有的平衡，决定了泥堡金矿矿体最终形成的规模和产状，矿体的定位受到燕山期形成的一些主要控矿构造的严格控制。

泥堡金矿主要的构造样式为紧闭背斜、一系列高角度逆断层以及层间破碎带。矿区内最主要的控矿构造之一是二龙抢宝背斜，其延伸范围广，在其核部、翼部、转折端均可见矿体或矿化现象，矿体的分布未见越出二龙抢宝背斜的控制范围。

二龙抢宝背斜核部或近核部分布着一系列沿背斜轴向的高角度逆断层，这些断层为成矿物质的活化、含矿热液的运移以及最终的富集成矿提供了良好的通道和场所。它们中的一些直接控制着矿体的形态和分布范围，其中最为重要的是 NE 向的逆断层 F_1 断层，矿体沿着 F_1 断层的延伸方向展布，它控制了矿体的分布范围和规模。在泥堡矿区的西段，整个 F_1 断层破碎带都有矿体和矿化现象，说明含矿热液以 F_1 断层为通道发生过运移，并在 F_1 断层中的构造破碎带和裂隙中富集或矿化，F_1 断层和二龙抢宝背斜在矿床的形成过程中都起到配矿构造和容矿构造的作用。

含矿岩系岩性复杂，当受到构造应力的挤压作用时，常常沿不同岩性的岩层之间发生层间破碎带(层间断层)，它们是泥堡金矿能够形成并控制矿体产出的重要构造因素之一。层间破碎带(层间断层)是成矿物质得以运移的通道或富集的场所，它们在一定程度上控制着矿区内一部分金矿体的分布情况和富集程度。

较大导矿或容矿构造的形成易伴随一些次级构造，在燕山期的构造改造运动中，当构造应力作用于岩层时，由于岩层间物理性质不同，岩层层间或者岩层内易发生局部褶皱变形、断裂破碎，这些较小的褶皱和断裂常呈细微的形态产出。矿质在导矿构造运移的过程中，微小的构造为成矿物质的卸载创造了极佳的容矿条件，它们对矿体的产状、形态、大小产生最直接的影响，是该矿床形成过程中最重要的容矿构造。

5.2.7　矿床成因机制

1.金的来源

中二叠世茅口期末峨眉地幔热柱剧烈活动，在泥堡地区产生了多条深大断裂，火山物质大量喷发和侵位。位于核幔边界大量的金以蒸气的形式随着地幔流体运移到达地幔软流圈或地幔亚热柱体系，此时金会变为气-液混合相(牛树银和孙爱群，1996)，并以这种形式通过离地表更近的幔枝构造到达岩石圈，最后沿火山口或深大断裂等通道以岩浆物质的形式喷发、溢出或侵入地壳中。就这样，金从深源的核幔边界借助地幔热柱的活动被带到地壳的浅部区域，此时的金在喷发到地表的岩浆岩中含量虽然比区域背景值高很多，但却呈较为均一的状态，并未局部富集，还不具备成矿的条件。

2.含矿建造的形成

泥堡地区经历泥盆纪—早二叠世一个相对较为稳定的海相沉积阶段之后，中二叠世茅口期末，峨眉地幔热柱开始频繁发生强烈的活动，导致贵州西部地区大规模的地表抬升，使贵州地区形成西北高、东南低的古地理格局，整个泥堡金矿在区域上存在着广泛的沉积间断，因茅口组碳酸盐岩的裸露溶蚀，形成大小不等、底部高低不平的喀斯特不整合面。

这种喀斯特不整合面正好形成于峨眉山玄武岩浆喷发的活跃期，炽热的玄武岩浆和凝灰岩被带出地表覆盖于茅口组喀斯特不整合的灰岩之上，发生强烈的热蚀变作用，后又因黔西南盆地海水频繁进退，被加热的海水更易发生蚀变和水解等作用(聂爱国 等，2006)。

在大厂层(P_3dc)之上，峨眉地幔热柱引起规模巨大的岩浆活动持续作用，喷发更为强烈，矿区距离玄武岩喷发的源头较远，玄武岩浆未喷发到矿区的范围内，但矿区正处于玄武岩分布区边界的外缘，同样受到了岩浆活动的直接影响。当岩浆活动活跃的时候，大量的火山凝灰物质在矿区内堆积,并沉积形成了厚 10~40m 的凝灰岩、沉凝灰岩,构成峨眉山玄武岩组。

如前文所述,峨眉地幔热柱的喷发物质具有金的高背景值,且矿体的稀土元素配分曲线与峨眉山玄武岩的稀土元素配分曲线基本一致,说明峨眉地幔热柱提供了金等成矿物质,而大厂层和峨眉山玄武岩组分别是峨眉地幔热柱间接(玄武岩水解)和直接的产物,所以金的含量都较高。

晚二叠世龙潭期,峨眉地幔热柱的喷发活动有所减弱,但仍然处于强烈的持续活动期,泥堡金矿矿区内构造运动频繁,海水在矿区内的凝灰岩和矿区的西北部玄武岩分布区内频繁进退,矿区内潮坪相、台地相多次交替更迭。矿区东部紫云—垭都断裂一带的局限台地边缘生物礁相的控制作用,使得矿区东部的海盆地与大洋未构成良好的连通,矿质在沉积盆地及其边缘得到很好的保存而没有被轻易地带进大洋内流失。所以,玄武岩和凝灰岩中的 Au 以及其他成矿元素被海水水解后易在龙潭组中得到良好的富集,由于沉积环境频繁改变,龙潭组也形成极为复杂的含矿岩系。

综合以上分析认为,大厂层、峨眉山玄武岩组、龙潭组构成该矿区的含金建造。泥堡金矿含金建造中含金量普遍较高,但成矿元素只是得到了初步富集,金在含金建造中呈较为均一和稳定的状态,还尚未成矿。

3.含矿热液的形成

晚二叠世末期,经过大规模的剧烈活动之后,峨眉地幔热柱的活动性开始逐渐减弱,二叠世末期—燕山期是峨眉地幔热柱活动的一个间歇期,虽然峨眉地幔热柱的活动性有所减弱,但并未消亡,一部分岩浆仍停留在地壳底部。在条件充分的情况下,停留在地壳底部的岩浆随时会沿深大断裂等一些构造通道上侵,并伴有大量热能的持续释放,这些上侵的岩浆常常会与地表下渗的大气降水以及一些少量地壳中的地下水(承压水、潜水)相混合,形成初始的热液流体。同时,地壳底部的岩浆残留部分及其间断性的活动在整个黔西南地区保持着一种区域热异常,为热液流体提供了热能和动能的来源。流体沿断裂和裂隙深渗循环不断地从含矿建造中萃取大量的 Au 等成矿物质,金在热液中主要以金硅络合物($AuH_3SiO_4^0$)、金硫络合物($[Au(HS)_2]^-$)等形式随着热液的作用而被带出并跟随迁移。在此过程中,金在热液流体中慢慢积累和富集,形成富含矿质的含矿热液。

4.金的就位成矿

燕山期,峨眉地幔热柱又一次进入活跃期,发生剧烈活动,释放出大量能量,导致泥堡地区构造频繁,产生大规模褶皱和断裂构造。含矿热液在含金建造中原有的稳定体系遭到破坏,开始沿构造通道向一些低压空间运移并聚集,如背斜核部、层间破碎带或者断裂构造本身,这也就是为什么泥堡金矿以及其他一些典型的卡林型金矿的矿体展布都未越出控矿背斜的控制范围的原因。在泥堡金矿中,整个 F_1 断层西段的断层破碎带中都有不同程度的矿化出现,甚至有矿体的产出,这说明 F_1 断层在泥堡金矿的形成过程中起到了矿液运移的作用。由于含金建造中的岩性组合较为复杂,各岩层抗压强度、裂隙度、致密度、渗透性、厚度等均有所不同,其受到构造应力或热液蚀变作用时所表现的物理化学性质也各异。含矿岩系易沿岩性迥异的岩层间发生层间破碎并伴随大量的次级断裂和微裂隙构造，增加了热液在地层中的流通性，为流体在含矿建造中淋滤和运移金等成矿物质提供了通道。为了使地层中的动能达到新的平衡，含矿热液必须向构造薄弱带的微裂隙中运移和富集，这些微裂隙为金的沉淀和富集提供了良好的场所，起着配矿和最终容矿的作用。

金在含矿热液中的存在形式主要为金硅络合物（$AuH_3SiO_4^0$）、金硫络合物（$[Au(HS)_2]^-$），在一定的物理化学条件下，矿液若长时间处于还原环境，会逐渐发生化学反应，金便随着黄铁矿等一些金属硫化物和硅酸盐矿物沉淀出来，并被它们吸附和包裹。

就这样，金在含金建造中经过热液的反复淋滤和萃取，从较为均一状态，在热液中逐渐得到富集，又在含金建造内具有导矿、容矿及盖矿体系的合适位置就位成矿，这便构成了泥堡金矿床。

5.3 晴隆沙子锐钛矿矿床、钪矿床

贵州晴隆沙子大型独立钪矿床是 2013 年笔者的研究团队在对该区进行锐钛矿矿床研究过程中发现的大型独立钪矿床，这是贵州首次发现大型独立钪矿床，它填补了贵州没有独立钪矿床的空白。可以说，晴隆沙子矿区既是锐钛矿矿床区，同时又是独立钪矿床区；矿区内的矿体既是锐钛矿矿体，又是独立钪矿体；矿区内矿石既是锐钛矿矿石，又是独立钪矿矿石。

5.3.1 矿区地质特征

1.地层

晴隆沙子锐钛矿、钪矿矿区出露地层为中二叠统茅口组，上二叠统峨眉山玄武岩组、龙潭组及第四系。锐钛矿、钪矿赋存于中二叠统茅口灰岩喀斯特不整合面之上的第四系残坡积红土中。

2.构造

晴隆沙子锐钛矿、钪矿区位于碧痕营穹窿背斜西北翼。穹窿核部地层为中二叠统茅口组，翼部为峨眉山玄武岩及龙潭组地层。矿区为一向西北倾斜的单斜构造，地层走向为 25°～35°，倾向北西，倾角平缓，在 14°～19° 区域变化。小褶曲不发育，偶见中—薄层灰岩中有小的牵引褶曲。

区内断裂构造发育，见有断层 3 条，分别编号为 F_1、F_2、F_3。

F_1：矿区东南角分布，为矿 NE 向断裂组中一条断层。该断层从详查区东南斜切，走向为 30°～45°，呈 "S" 形展布，走向为 NW，倾角为 75°，上盘下降并向南西移动，为正平移断层。

F_2：矿区东北角分布，与 F1 断层性质相同，在详查区内被 F_3 断层错失。

F_3：位于矿区中部，走向为 NW，产状不明，性质不明。

除断层外，岩层垂直裂隙十分发育，沿垂直裂隙发育大大小小溶沟、溶槽或落水洞。

3.峨眉山玄武岩

(1)矿区出露的玄武岩处于贵州西部玄武岩分布范围的东南边缘地带,厚度多在200m以下,喷发时代为中二叠世末期至晚二叠世早期,喷发早期的环境为滨岸潮坪(郑启钤,1985)。

(2)区内玄武岩有玄武质熔岩、玄武质火山角砾岩及玄武质火山凝灰岩。玄武岩有玄武质熔岩,多为灰绿色及深灰色,致密块状,柱状节理发育,还可见玄武岩水液浸边黏土化及淬火现象。玄武质火山角砾岩角砾以玄武岩为主,部分为硅质岩,其黏土化、褐铁矿化明显。玄武质火山凝灰岩呈灰色块状,与硅质岩残存在红土矿层中。

4.矿体特征

已探明的锐钛矿、钪矿工业矿体有三个,呈北东—南西向排布,依次编号为:①号锐钛矿、钪矿矿体;②号锐钛矿、钪矿矿体;③号锐钛矿、钪矿矿体(图5.7、图5.8)。

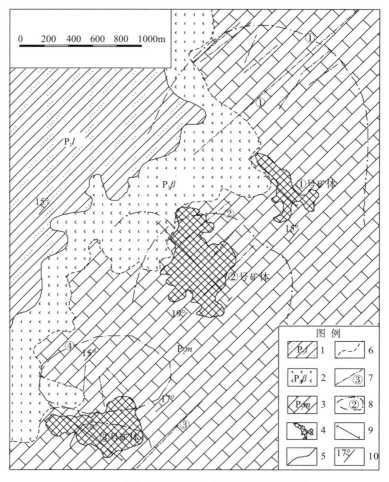

图 5.7　晴隆沙子锐钛矿、钪矿矿床地质略图

1.上二叠统龙潭组煤系;2.峨眉山玄武岩;3.中二叠统茅口组石灰岩;4.锐钛矿矿体;5.地质界线;
6.喀斯特不整合界线;7.遥感解译线性构造;8.遥感解译环形构造;9.代表性勘探线剖面;10.地层产状

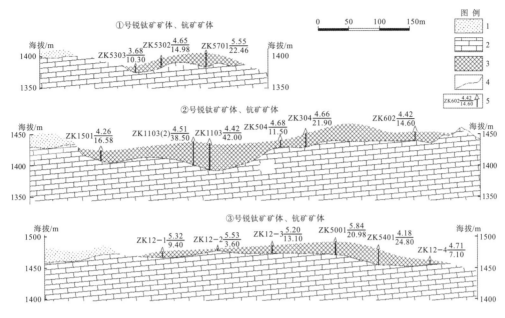

图5.8　晴隆沙子锐钛矿矿体及钪矿体剖面图

1.峨眉山玄武岩；2.中二叠统茅口组石灰岩；3.锐钛矿体、钪矿体；4.喀斯特不整合面；5.已竣工钻孔

①号矿体产于茅口灰岩顶部喀斯特洼地中。矿体在地表呈北西—南东向的不规则状，剖面为似层状。地表分布面积约为 71655m^2，长 498～665m、宽 21～60m，是该矿床规模最小的矿体。厚度为 4.40～22.46m，厚度变化系数为 43.5%，变化较稳定。TiO$_2$ 平均品位为 4.15%，品位变化系数为 11.7%，变化稳定；Sc$_2$O$_3$ 平均品位为 67.45×10^{-6}，品位变化系数为 12.5%，变化稳定。（332+333）TiO$_2$ 资源量为 9.04×10^{4}t，占全矿床 TiO$_2$ 总资源量的 8.8%；（332+333）Sc$_2$O$_3$ 资源量为 148.47t，占全矿床 Sc$_2$O$_3$ 总资源量的 8.5%。

②号矿体产于茅口灰岩顶部喀斯特洼地中。矿体在地表呈 NNW—SSE 向的不规则透镜状展布，剖面为似层状；矿体地表分布面积约为 297982m^2，是该矿床规模最大的矿体，长 580～955m、宽 93～590m、厚度为 2.70～42.0m，厚度变化系数为 42.5%，厚度变化较稳定。TiO$_2$ 平均品位为 4.29%，品位变化系数为 17.9%，变化稳定；Sc$_2$O$_3$ 平均品位为 73.05×10^{-6}，品位变化系数为 16.7%，变化稳定。（332+333）TiO$_2$ 资源量为 55.76×10^{4}t，占全矿床 TiO$_2$ 总资源量的 54.4%；（332+333）Sc$_2$O$_3$ 资源量为 948.54t，占全矿床 Sc$_2$O$_3$ 总资源量的 54.3%。

③号矿体产于茅口灰岩顶部喀斯特洼地中。矿体在地表呈近东西向的不规则状展布，剖面为似层状。矿体地表分布面积约为 204135m^2，长 320～789m、宽 155～465m、厚度为 3.50～24.8m，厚度变化系数为 41.7%，厚度变化较稳定。TiO$_2$ 平均品位为 4.29%，品位变化系数为 15.7%，变化稳定；Sc$_2$O$_3$ 平均品位为 83.135×10^{-6}，品位变化系数为 14.9%，变化稳定。（332+333）TiO$_2$ 资源量为 37.68×10^{4}t，占全矿床 TiO$_2$ 总资源量的 36.8%；（332+333）Sc$_2$O$_3$ 资源量为 650.41t，占全矿床 Sc$_2$O$_3$ 总资源量的 37.2%。

5.矿石特征

矿石类型为氧化矿石,大体可分为五类:黏土质氧化矿石、硅质黏土质氧化矿石、硅质凝灰质黏土氧化矿石、铁锰氧化物硅质黏土氧化矿石及高岭土硅质氧化矿石。

3个矿体的矿石主要为红色、黄色含钪-锐钛矿黏土及亚黏土,黏土中常含角砾,角砾成分多为玄武质火山碎屑岩、黏土质硅质岩、铁锰质黏土岩、凝灰岩等,砾石大小不等,2mm至数十厘米。矿石矿物主要有锐钛矿、褐铁矿及少量磁铁矿、钛铁矿、黄铁矿、毒砂。脉石矿物主要有高岭石、绢云母、绿泥石、石英,其次可见斜长石,偶见锆石、电气石、绿帘石等。矿石成分复杂,保留有原岩中的褐铁矿化玄武岩、褐铁矿化硅质岩、黏土质硅质岩,黏土化玄武质沉火山碎屑岩夹黏土岩等。

经X射线粉晶衍射分析、人工重砂分析、电子探针分析等,发现矿石中共有氧化物、硅酸盐、硫化物三类共14种矿物存在,其中氧化物的质量分数约为38.7%,硅酸盐约为61%,硫化物偶见;其中锐钛矿为4.6%左右。

矿石构造:肉眼观察,矿石呈土黄色、浅褐色、灰色,疏松土块状,主要为土块状构造,其次还见块状、蜂窝状、角砾状构造;镜下观察,部分褐铁矿沿矿石裂隙呈细脉状分布,使矿石同时具细脉状构造。

矿石结构如下所述。

泥质结构:矿石的主要结构,矿石主要由铁质、泥质组成,粒度多数小于0.004mm,不论是变余斑晶还是基质,多数均由泥质组成,部分泥质具重结晶现象,重结晶成高岭石、绢云母等矿物,构成矿石的泥质结构。

显微鳞片状结构:矿石中的绢云母、高岭石、绿泥石等矿物多呈显微鳞片状,无序分布,粒度常多小于0.03mm,构成显微鳞片状结构。

变余斑状结构,基质具变余泥质结构,矿石的原岩为火成岩的喷出岩。原岩斑晶组成已不能分辨,现主要由铁质、泥质(高岭石、绢云母等)组成,其集合体常呈板状、柱状、浑圆状,可见溶蚀现象、碎裂现象和聚斑现象,边缘均较为清晰。基质主要由粒度小于0.004mm的铁泥质组成,含少量碎屑颗粒,碎屑颗粒有石英、云母、长石等矿物,呈棱角状、他形粒状,杂乱分布。

蚀变填间结构:次要结构,部分矿石原岩为玄武岩,蚀变严重,暗色矿物几乎完全蚀变为铁泥质和黏土矿物,斜长石有部分残余,轮廓显示为自形的长条状,搭成格架,格架间充填他形粒状矿物或隐晶质矿物,构成矿石的蚀变填间结构。

胶态结构:偶见的结构之一。矿石局部的褐铁矿为胶态状,分布于矿石的裂隙或碎屑颗粒之间。

微晶结构:偶见的结构之一。矿石局部可见石英呈粒度小于0.03mm的微晶集状合体,颗粒之间彼此镶嵌状分布,孔洞中充填少量铁泥质,构成矿石的微晶结构。

其次有假象结构、交代残余结构、粉砂结构及细砂结构等。

5.3.2　研究区锐钛矿及钪矿的成矿物质来源

根据沙子锐钛矿、钪矿矿床常量元素地球化学特征、稀土元素地球化学特征、微量元素地球化学特征及钛、钪元素地球化学特征研究，得出以下结论。

矿石中微量元素 Sc-TiO_2-Cu-Fe-Mn 组合，反映在区域背景下，为局限水体的特征地球化学环境，即在地表强氧化带局限水体中，富含铁、锰、钪、钛的玄武岩浆喷发后落入水体，经水解，形成低温低压及弱碱性水环境。原玄武岩中的二价铁被氧化为三价铁形成褐铁矿，原玄武岩中的二价锰被氧化为三价或四价锰形成硬锰矿，钛在氧气供应充分、低温低压及弱碱性的环境下形成锐钛矿。Sc^{3+}被浸变解体后从岩石中释放出来并被黏土矿物吸附，使矿石中形成微量元素 Sc-TiO_2-Cu-Fe-Mn 的组合，其正相关水平较高。

矿区内玄武岩的稀土元素总量（ΣREE）为（183.53～215.86）×10^{-6}，贵州西部玄武岩的稀土元素总量（ΣREE）为（144.73～265.500）×10^{-6}（毛德明 等，1992），其丰度变化在贵州西部玄武岩的丰度范围内。矿区内玄武岩的稀土元素球粒陨石图型 REE 分布模式为右倾型。样品中 LREE 为（125.15～144.40）×10^{-6}，HREE 为（58.38～71.46）×10^{-6}，LREE/HREE 为 1.92～2.25，轻稀土元素较富集。贵州西部玄武岩为钠化玄武岩，在偏碱性的介质中轻、重稀土两组元素分离，导致轻稀土元素较富集。

矿区 3 个矿体矿石的稀土元素总量（ΣREE）都较高，绝大多数为（163.56～370.26）×10^{-6}，部分样品稀土元素含量为（402.26～702.67）×10^{-6}，矿石中稀土元素有不同程度的富集。矿区内玄武岩的稀土元素球粒陨石图型 REE 分布模式为右倾型，多数样品与区内玄武岩相似（图 5.9），显示两者有极强的亲源性（王中刚 等，1989）。样品中 LREE 为（112.57～529.15）×10^{-6}，HREE 为（35.52～244.26）×10^{-6}，LREE/HREE 为 1.41～4.01，平均为 2.71，轻稀土元素富集，即锐钛矿、钪矿形成于偏碱性环境，导致轻、重稀土两组元素进一步分离。

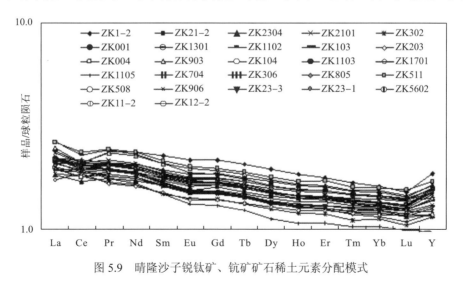

图 5.9　晴隆沙子锐钛矿、钪矿矿石稀土元素分配模式

矿区内玄武岩 δEu 为 0.86～0.95，均小于 1，呈现 Eu 的弱负异常。δCe 为 0.92～0.97，均小于 1，显示玄武岩中主要矿物斜长石与辉石按比例同时结晶。矿区 3 个矿体矿石 δEu

为 0.79～0.93，均小于 1，呈现 Eu 的弱负异常。δCe 为 0.48～1.44，大多数为 0.48～0.88，少数为 1.01～1.44，其值变化较大，表明矿床成矿物质来源与玄武岩有关，但在成矿作用过程中，辉石在低温低压弱碱性水体中的分解（Doucet and Synthese，1967）及风化作用等复杂过程中亏损程度差异十分明显。

晴隆沙子地区玄武岩化学成分为高钛低镁，属高钛拉斑玄武岩，矿区玄武岩的化学成分：SiO_2 质量分数为 46.44%、TiO_2 质量分数为 3.64%、Al_2O_3 质量分数为 14.35%、Fe_2O_3 质量分数为 6.67%、FeO 质量分数为 7.70%，元素钪（Sc）为 $(32.2～35.8)×10^{-6}$。

区内玄武岩辉石中钛含量较高，钛原子的外层电子构型为 $3d^24s^2$，容易丢失 4 个电子成为 Ti^{4+} 离子。玄武岩中钛多以 $Ti^{4+}+Al^{3+}$══$Mg^{2+}+Si^{4+}$ 的异价类质同象进入辉石的硅氧四面体中，很少形成钛的单矿物。内生作用中，元素钪因其含量低，及与 Fe^{2+} 与 Mg^{2+} 结晶化学性质相似，在岩浆中分散分布，不形成独立矿物，钪呈 $Mg^{2+}+Si$══$Sc+Al^{3+}$ 异价类质同象钪进入超基性岩及基性岩中的橄榄石、辉石等暗色矿物中，使区内玄武岩含钪较高。

贵州晴隆地区于早二叠世茅口晚期正置滨岸湖坪相带上，东吴运动致使地壳抬升，伴随有峨眉山玄武岩浆强烈的喷发。峨眉山玄武岩火山喷发物滚落流入水体中势必浸变解体，暗色矿物辉石解离成绿泥石等，辉石中的 Ti^{4+}、Sc^{3+} 几乎可全部析出进入水体，为区内锐钛矿及钪矿的形成提供丰富钛及钪的物质来源。

由此可知，研究区锐钛矿及钪矿的成矿物质来源于峨眉山玄武岩。

5.3.3　区内特殊的弱碱性水的岩溶洼地地球化学障

贵州晴隆地区，中二叠统茅口组灰岩受东吴运动地壳抬升的影响，其顶部裸露地表形成古喀斯特高地与岩溶洼地。因近滨岸潮坪，岩溶洼地有的有积水。据分析研究，晴隆沙子地区玄武岩富钠贫钾，Na_2O 质量分数为 5.33%，而 K_2O 质量分数仅为 0.17%。富含钠的长石等在岩溶洼地水体中浸变解体，K^+ 进入黏土矿物中，Na^+ 溶解于水中，使区内形成特殊的弱碱性水的岩溶洼地地球化学障。加上该弱碱性水的岩溶洼地处于地表氧化带，有充足的氧气，为锐钛矿（TiO_2）的形成准备了充分的条件。这种岩溶洼地水体被喀斯特地貌的高地隔开，形成一个个相对孤立的弱碱性水域，是特殊的地球化学障，为区内锐钛矿的形成提供了必要的成矿环境。

Sc^{3+} 被浸变解体从岩石中释放出来，水体的 pH 对 Sc^{3+} 行为有重要影响。在酸性溶液中，Sc^{3+} 成溶解态可随水体流失；在中性—碱性溶液中，形成 $Sc(OH)_3$、Sc_2O_3 胶体或络离子被氧化铁、锰土、黏土矿物吸附，区内特殊的弱碱性水的岩溶洼地地球化学障使钪在洼地中富集。铁、锰、钛、钪源于同一玄武岩，因此钪与钛、铁、锰相关水平较高。

根据 ETM Landsat-7 遥感数据，选取波段 7、波段 4、波段 1 组合合成遥感影像构造解译。区内环形构造、线性构造较一致，沿北东（NE）向展布，并与已探明的①号、②号、③号矿体在空间有明显重叠。根据区域资料分析，矿区正好位于弥勒-师宗断裂带上，推测玄武岩浆喷发期有可能是局部热源区，再者，玄武岩浆喷发高温火山物质落入岩溶洼地水解形成地表热水。根据岩溶洼地火山碎屑沉积物厚度推测，当时的水体有数十米深，具有一定的静压力，为低温低压环境，满足锐钛矿低温低压条件下形成的生成条件。由于单个岩溶洼地水域局限，水体温度、压力及 pH 差异小；Ti^{4+} 含量及氧气浓度差异小，因此在单个岩溶洼地中矿化均匀，矿石中 TiO_2 及 Sc_2O_3 品位变化系数均小于 20%。茅口晚期沉积间断时间不长，茅口灰岩顶部喀斯特作用不强，岩溶洼地起伏相对较小，致使矿层的厚度变化较稳定，其厚度变化系数均小于 50%。

5.3.4　矿床成因机制

1.成矿时代

晴隆沙子锐钛矿、钪矿床的主成矿期为中二叠世茅口晚期，贵州峨眉山玄武岩浆第一喷发旋回。依据有两点：①三个锐钛矿、钪矿工业矿体均产于中二叠系茅口组灰岩顶部蜓科生物灰岩形成的喀斯特微型洼地中，矿体中及其周边围岩和矿体底部可见茅口灰岩顶部蜓科生物灰岩。②矿石中玄武质火山凝灰岩中可见蜓科生物化石及蜓科化石外壳黑边，并被褐铁矿化交代结构及交代残余结构。

矿石风化淋滤进一步富化期为第四纪。整个矿体红土化，主成矿期形成的锐钛矿被黏土、褐铁矿等包裹，锐钛矿矿物在常温常压下稳定，保存在岩溶微型洼地中不易流失。主成矿期形成的钪矿被黏土、褐铁矿吸附保存在岩溶微型洼地中不易流失。而原矿石中的 Na^+、Ca^{2+}、Mg^{2+} 等流失，使原矿石品位略有提高。

2.成矿机制

贵州西部峨眉山玄武岩中 TiO_2 质量分数为 3.64%、Na_2O 质量分数为 5.33%、元素钪（Sc）为 $(32.2 \sim 35.8) \times 10^{-6}$。$Ti^{4+}$ 及 Sc^{3+} 呈类质同象进入辉石的硅氧四面体中，伴随峨眉山玄武岩浆强烈喷发的火山喷发物滚落流入水体浸变解体，辉石解离释放出 Ti^{4+} 及 Sc^{3+} 在茅口组灰岩顶部岩溶洼地中。富含钠的长石等在岩溶洼地水体中浸变解体，Na^+ 溶解于水中，使区内特殊的岩溶洼地积水呈弱碱性水，为区内锐钛矿的形成提供了必要的成矿环境；也为浸变解体出的 Sc^{3+} 形成 $Sc(OH)_3$ 或 Sc_2O_3 胶体或络离子被氧化铁、锰土、黏土矿物所吸附。由于单个岩溶洼地水域局限，水体温度、压力及 pH 差异小；Sc^{3+}、Ti^{4+} 及氧气浓度差异小，因此在单个岩溶洼地中矿化均匀，矿石 TiO_2 及 Sc_2O_3 品位变化系数均小于 20%。又由于茅口晚期沉积间断时间不长，茅口灰岩顶部岩溶洼地起伏不大，矿层的厚度变化较稳定，其厚度变化系数均小于 50%。

锐钛矿、钪矿在岩溶洼地中形成后，区内峨眉山玄武岩喷发作用仍在继续，上覆有硅质岩及玄武岩、煤系等。燕山期区内褶皱形成穹窿，直到第四系地壳抬升，矿层裸露或近地表，风化淋滤发生红土化。在红土化形成的过程中，活动元素（Na^+、Ca^{2+}、Mg^{2+} 等）以淋失为主要特征，惰性元素（铁、铝）以残留富集为主要特征。锐钛矿（TiO_2）在红土化过程中基本不发生迁移，钪呈吸附态被黏土矿物及褐铁矿等吸附，也基本不发生迁移，因此在红土化过程中锐钛矿及钪矿得到一定富化。

综上所述，晴隆沙子锐钛矿、钪矿矿床为峨眉山玄武岩喷发作用期在茅口灰岩顶部岩溶洼地中因玄武岩水解于低温、低压、弱碱水体中沉积，再经过第四纪残坡积红土化作用形成的矿床，属于与峨眉山玄武岩喷发作用有关的低温热水沉积-残坡积型矿床。

5.4　晴隆大厂锑矿床

5.4.1　矿区地质特征

1.地层

矿区内出露的地层由老至新为：中二叠统茅口组、上二叠统大厂层，峨眉山玄武岩组，上二叠统龙潭组(图 5.10)。

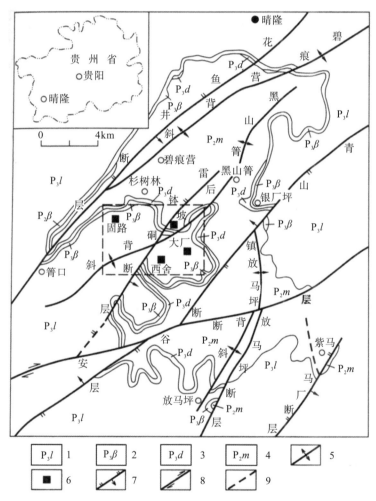

1.上二叠统龙潭组；2.峨眉山玄武岩；3.大厂层；4.中二叠统茅口组；
5.背斜轴；6.矿区；7.逆断层；8.平移断层；9.性质不明断层

图 5.10　贵州省晴隆锑矿地质略图(据贵州地矿局 105 队资料修编)

上二叠统龙潭组(P_2l)：分布于矿区的外围，主要由上段为灰色薄层中一细粒砂岩、粉砂岩和钙质砂岩组成。中段为灰黑色中厚层状生物碎屑硅质岩，由隐晶质石英组成。下段为硅化及含黄铁矿的黏土岩、碳质黏土岩、岩屑砂岩、页岩及薄层煤，分布锑矿(化)体，与下伏地层呈假整合接触，厚度变化不大，一般为 70m 左右。

峨眉山玄武岩组($P_2\beta$)：分布广泛，受断层错动明显，为灰—灰绿色块状玄武岩夹杏仁状玄武岩、拉斑玄武岩，常具晕圈状，与下伏地层呈假整合接触，厚度为 40～110m。

上二叠统大厂层(P_2dc)：矿区范围内，该层分布于大厂、箐口及廖基等地，为一套典型的蚀变岩层，以硅化和黏土岩化最为典型，是锑矿的最主要赋矿层位，还产硫铁矿、金、萤石和贵翠等矿产，是重要的找矿标志。该层厚度变化大，与下伏地层呈岩溶不整合接触，在岩溶低洼处较厚，自上而下分为三个岩性段(陈豫 等，1984)。上段为黏土岩，由下部硅化黄铁矿凝灰质黏土岩和上部的变质玄武岩组成。中段为玄武质砾岩，以及强烈蚀变后形成的角砾状黏土岩。下段为强硅化岩，由下部致密块状强硅化岩和上部的角砾状强硅化岩组成，出露厚度为 0～30m。

下二叠统茅口组(P_1m)：岩性为灰色中—厚致密块状亮晶生物碎屑灰岩，顶部为一层不太稳定的砾状石灰岩，偶见燧石结核。出露厚度大于 100m。

2.构造

矿床受 NE 向构造限制极为明显，固路、西舍、大厂等矿床主要分布在花鱼井逆断层和青山镇逆断层之间，并集中分布于雷钵硐逆断层和后坡背斜交汇处及附近。同时，花鱼井逆断层、青山镇逆断层、安谷平移断层和放马坪断层限制了峨眉山玄武岩和赋矿层位大厂层的分布。花鱼井断层、碧痕营背斜、雷钵硐逆断层、黑箐山-后坡背斜、青山镇断层及放马坪背斜等 NE 向构造为同一成矿期地质活动的产物，而安谷断层则晚于 NE 向的构造，并错断青山镇断层及放马坪背斜。这些构造在矿床形成时期为成矿流体的通道，并影响主要含矿层位大厂层的分布，从而影响矿区矿体的部分产状、大小、形态。

3.岩浆岩

矿区出露的岩浆岩为发生于早二叠世晚期至晚二叠世早期的东吴运动及伴随产生的峨眉山玄武岩。玄武岩与锑矿的关系极为密切，不仅为锑矿、金矿及硫铁矿等矿产提供了热力和动力来源，还为这些矿产提供了物质和部分成矿流体来源。同时，大厂层中段的玄武质砾岩和上段的黏土岩都是峨眉山玄武岩变质以后形成，在锑矿的形成过程中作为矿源层。峨眉山玄武岩普遍遭受蚀变，有绢云母化、绿泥石化，具有变余玄武结构和杏仁状构造，杏仁体为石英充填，玄武岩中见石英脉，说明有后期的热液活动对玄武岩进行改造。

5.4.2 锑矿体地质特征

矿体除部分产于龙潭组生物碎屑硅质岩的裂隙中，几乎全部产于大厂层中，矿床的层控特征明显。矿体主要呈层状、似层状和透镜状产出，矿体的厚度与大厂层的厚度呈正相关关系，即在岩溶低洼处，大厂层的厚度较厚，而锑矿体的厚度亦较厚。最厚的可达二十余米。当大厂层变薄时，矿体也随之变薄。在大厂层的三个岩性段中，尤以中段最为富集锑矿体，上段的黏土岩和下段的强硅化岩锑矿只有零星分布，不能形成具有工业价值的矿床。中段的玄武质砾岩中发育有层状、似层状的辉锑矿，填隙物中锑较为富集。由玄武质砾岩蚀变后形成的角砾状黏土岩较为破碎，常发育有脉状及网脉状矿体。另外，断裂裂隙等次级构造控矿明显，在岩层破碎带、断裂交汇处常发育不规则状的富矿体。

矿石矿物：大厂锑矿矿石成分简单。矿石矿物主要有辉锑矿、黄铁矿、锑华和锑铁矿等。辉锑矿为主要矿石矿物，按矿物组合可分为变余玄武岩-辉锑矿矿石、蚀变黏土岩黄铁矿-辉锑矿矿石、玄武质砾岩(角砾状黏土岩)-辉锑矿矿石、角砾状石英岩-辉锑矿矿石及石英岩-辉锑矿矿石。其余为次要矿石矿物。

脉石矿物：主要为贵翠、萤石、石英和高岭石，其次有方解石、重晶石、石膏、自然硫等。石英常切穿玄武质砾岩和锑矿体，充填于层间裂隙、断裂和破碎带中，为后期热液活动的产物，同时，在一些晶洞中发育较为完全的石英晶簇。部分硅酸盐矿物受温度压力等影响形成高岭石。

矿石结构主要有下述四种。

(1)自形、半自形结构：即辉锑矿呈针状、柱状的自形—半自形结构晶嵌布在脉石矿物中。

(2)他形—半自形晶粒状结构：即矿石中既有半自形辉锑矿晶体，又有不规则粒状辉锑矿。

(3)交代溶蚀和交代残余结构：石英-萤石-辉锑矿呈胶结物交代溶蚀石英岩角砾，角砾缘呈锯齿状、港湾状构造，有时角砾被交代后保留零星残余结构等，胶结物显示环状、乳突状等胶状构造的多种特征。

(4)聚片双晶结构：在显微镜下，常见辉锑矿呈平行聚片双晶、雁行聚片双晶、揉皱聚片晶、"X"形聚片双晶等类型出现。

矿石构造主要有下述六种。

(1)块状构造：矿石中辉锑矿无定向排列，由矿石质量分数占80%以上的辉锑矿和少量石英或围岩碎块所组成。

(2)浸染状构造：辉锑矿星散分布于石英岩的粒晶中。

(3)放射状构造：完好的自形柱状辉锑矿嵌布于石英聚合呈放射状产出。

(4)脉状及网脉状构造：矿石中的脉状石英和辉锑矿集合体呈脉状、顺层或沿裂充填于含矿围岩之中。

(5)角砾状构造：角砾状石英岩被石英-萤石-辉锑矿三者之集合体所胶结而形成。

(6)晶簇状构造：辉锑矿在晶洞中生长发育完好，呈柱状、针状晶簇产出。

据刁理品等(2006)的研究，大厂锑矿围岩蚀变发育，主要发育有硅化、黄铁矿化、萤石化、高岭石化、黏土化、重晶石化、方解石化、石膏化、角砾化等热液蚀变，与锑矿化关系密切的蚀变有硅化、黏土岩化、角砾化、黄铁矿化等。

硅化分为三期，第一期为火山汽水热液和玄武岩海解过程中释放的二氧化硅热液交代灰岩形成黑色硅化灰岩，并形成玉髓和细粒的石英集合体。本期可形成浸染状和针状辉锑矿。第二期受构造控制，富含SiO_2的热液充填于大厂层的层间裂隙、断裂、构造破碎带中，形成干净透明的石英晶体、白色石英，石英晶粒中普遍存在高岭石，易形成绿石英，在晶洞中有发育很好的石英晶簇。该期与矿化关系密切，常形成有工业价值的辉锑矿萤石矿床。绿石英常与辉锑矿共生，石英具有波状消光和光性异常。第三期形成显微粒状的石英细脉，常切断第一期和第二期石英脉。

黏土岩化：主要为大厂层上段的变余玄武岩和中段的玄武质砾岩在热液的作用下蚀变形成黏土岩。玄武岩的结构构造和成分发生变化，形成变余玄武结构。蚀变过程中析出的硅质可为硅化阶段提供物源。黏土岩化使大厂层中的岩石结构松散，易形成破碎带，有利于辉锑矿的形成。

角砾化：最典型的是大厂层中段的玄武质砾岩层以及其蚀变后形成的强硅化角砾状黏土岩，为最主要的赋矿层位。角砾化与成矿作用的关系密切。

黄铁矿化：黄铁矿分布很广泛，局部可以形成硫铁矿矿体。按其成因主要分为两种，一种呈细粒分散状分布于黏土岩中，为同生沉积形成的黄铁矿。第二种与岩浆活动的热液有关的黄铁矿，常呈粗晶六面结构，与锑矿化有成因联系，常与辉锑矿共生，被第二期的石英脉切穿。还有一种黄铁矿呈脉状(网状)充填于蚀变岩或矿石中。

5.4.3　大厂锑矿砾石特征

玄武质砾岩一般为灰、灰白色，砾石磨圆度较高，粒径为几毫米至几十厘米不等。胶结物主要呈暗绿色，为火山灰或玄武岩破碎的细小物质以及各种黏土，与砾石主要呈基底式胶结和孔隙式胶结，在手标本中，胶结物中可见后期热液充填的方解石颗粒和星点状辉锑矿。

砾石普遍遭受蚀变，具变余玄武结构，但砾石的蚀变程度各不相同，部分砾石遭受黏土岩化，有的砾岩蚀变较弱，保存原来玄武岩所具有的间粒结构和间隐结构，间粒结构指长石比辉石的颗粒粗大而且自形，长柱状的斜长石杂乱分布，构成交错的格架，在每个间隙中充填几个他形的辉石小颗粒。间隐结构指由辉石和斜长石及暗黑色玻璃组成玄武岩常见的一种结构，属于一种半晶质的基质结构。其特点是长柱状或板条状矿物不规则分布，互相交接呈格架状，在格架的间隙中为玻璃或隐晶物质所充填，有时也含有极少量铁镁矿物或金属矿物微粒。

砾石的矿物成分主要为辉石和基性斜长石，长石遭受黏土化、碳酸盐化、绢云母化、磁铁矿化、绿泥石化。辉石也普遍遭受黏土化、碳酸盐化和绿泥石化。

砾石中有石英脉和方解石脉切过砾石，其反映是后期地质运动使砾石破碎，后期的硅质和钙质热液充填于这些裂隙中结晶形成。

曹鸿水(1991)认为玄武质砾岩是最早溢出的玄武岩熔浆，在海水中骤冷形成龟裂状砾石，形成同心圆球状的玄武岩，在当时强烈动荡的水体中破碎，相互碰撞摩擦，稍经搬运即沉积在水底地形低洼处，而后固结成岩。但玄武质砾岩层的厚度最厚的有二十余米，单靠这种简单的方式不可能形成如此厚的砾岩层，因此，经过野外调查，笔者推测最早溢出的玄武岩熔浆经在海水中骤冷龟裂并形成角砾状砾石，后强烈的水动力环境使碎屑相互之间不断碰撞摩擦形成次圆状砾石。之后地壳抬升，陆地上大量的玄武岩经风化、剥蚀作用形成细粒碎屑被海水带入晴隆大厂一带，再混合一些火山灰、玄武岩破碎的细小物质、各种黏土以及化学沉淀物质胶结次圆状砾石形成砾岩层。与此同时，玄武岩在海水中因海解作用溶解出大量成矿物质，如金、锑、汞、砷等物质，在砾岩层中富集，形成初始矿源层。

大厂层上段的黏土岩层可能是玄武岩在地表风化作用下形成的，而后期地壳下沉使黏土岩层得以保存。同时大厂层后期的热液活动也使玄武质砾岩和上段的玄武岩遭受蚀变，形成黏土矿物的蚀变富集带。

5.4.4 胶结物特征

玄武质砾岩的胶结物主要呈暗绿色。胶结物主要为火山灰、细粒玄武岩和铁质黏土、硅质黏土等物质，此外还有一些化学沉淀物质以及一些杂基，它们共同充填于砾石颗粒之间胶结砾石，胶结物遭受绿泥石化、绢云母化和碳酸盐化。

在胶结物中除了有沉积成岩作用形成晶粒较大的自形黄铁矿外，还广泛分布有草莓状黄铁矿。草莓状黄铁矿的分布证明了后期的热液活动。

在玄武质砾岩中，除了有切穿砾石的方解石脉和石英脉，在砾石和胶结物的边界，方解石的次生加大边极为明显，另外还有细粒的石英颗粒和玉髓，以及石英细脉。方解石脉和石英脉的形成明显晚于砾石和胶结物的形成时期，为后期热液活动的产物。

在玄武质砾岩形成以后，峨眉山玄武岩喷发为热液活动提供了持续的热力、动力和物质来源，富含硅质和钙质的热液沿着玄武质砾岩的构造薄弱面活动，充填于砾石和胶结物的交界部位，形成石英脉和方解石的次生加大边。同时，受热液活动的影响，砾石遭受蚀变，一些胶结物也发生绿泥石化、碳酸盐化和绢云母化。

值得注意的是，玄武质砾岩的结构松散，砾石和胶结物之间有一定的空隙度，有利于成矿元素的富集。成矿元素可初步富集于砾岩层中，形成初始矿源层。同时，这种特殊结构也有利于后期富含成矿物质的热液在其中活动，这些热液可不断循环萃取其中的成矿物质形成含矿热液。在燕山晚期强烈的构造运动作用下，含大量成矿物质的热液在玄武质砾岩胶结物所形成裂隙空间中富集成矿。

5.4.5 玄武质砾岩与锑矿的关系

经笔者的野外观察，大厂层中段的强硅化角砾状碎屑岩层为一套粗碎屑岩，碎屑物质为砾石，其直径大于 2mm，质量分数大于 50%。该层为砾岩层，是主要的赋矿岩层，经镜下鉴定，该砾岩为玄武质砾岩。玄武质砾岩的结构松散，在造山运动中易沿着填隙物形成层间破碎带，后期成矿物质沿着这些破碎带以交代、充填或重结晶等方式成矿。所以这些玄武质砾岩与锑矿的空间及成因关系极为密切，是锑矿的主要围岩。野外观察，锑矿体的厚度常随玄武质砾岩层厚度的变化而变化，并呈正相关关系。

辉锑矿与热液作用的关系明显，玄武质砾岩层中有热液作用的标志。

在玄武质砾岩中有后期热液蚀变形成的粗粒黄铁矿，在砾岩层中的辉锑矿中有石英脉，而上下砾石层中不见明显的石英脉出现，辉锑矿与石英和绿色石英共生，表明后期携带成矿物质的热液中含有大量硅质(Davidson，1992；Marchig et al.，1982；Rona，1988)，涂光炽(1984)也认为成矿溶液中可溶性 SiO_2 是搬运 Sb 的载体,甚至是同路迁移者,在物理化学条件变化的过程中石英同时或稍晚于辉锑矿形成。石英与锑矿的成矿关系密切,同时,硅化也是大厂层的典型蚀变。大厂层中相互穿插的细脉状石膏说明后期热液的多期次活动,晶洞中晶簇状生长的石英更加说明了后期的多次热液活动。

玄武质砾岩的砾石由峨眉山玄武岩经不断的地质演化而来。砾岩的砾石成分为遭受蚀变的峨眉山玄武岩,具变余玄武结构,但又属于砾岩,具有沉积岩的特征。

通过对晴隆大厂锑矿及邻区的野外地质调查及采样测试分析、岩矿鉴定、地球化学研究,可以推测晴隆大厂中段玄武质砾岩与锑矿成矿关系如下。

在早、晚二叠世之间,大规模的峨眉山玄武岩浆喷发。在岩浆由西北部的威宁地区向黔西南地区活动的过程中,岩浆的结晶分异作用使大量的稀土元素、碱金属和碱土金属等不相容元素以及携带大量成矿物质的硫、磷和氯等挥发分不断富集在岩浆中,岩浆进入处于局限海盆地的晴隆大厂地区。熔浆在海水中骤冷龟裂并形成角砾状砾石,强烈的水动力环境使碎屑相互之间不断碰撞摩擦形成次圆状砾石;之后地壳抬升,陆地上大量的玄武岩经风化、剥蚀作用形成细粒碎屑,被海水带入晴隆大厂一带,再混合一些火山灰、玄武岩破碎的细小物质、各种黏土以及化学沉淀物质胶结次圆状砾石形成砾岩层。在玄武岩浆进入海水后遭受海解,其中一些化学活动性较强的元素,如锑、砷、金、硫等被萃取出来,富集于玄武质砾岩中形成矿源层。之后,大量的地表水下降沿断裂裂隙进入地下,形成地下水,由于峨眉山玄武岩喷发提供了大量热源,地下水热液在下降过程中由于温度上升、压力增大等因素,在下降到一定深度后上升,如此循环并不断萃取矿源层中的锑矿物质,形成含矿热液。在燕山晚期强烈造山运动作用下,晴隆大厂中段的玄武质砾岩的胶结物中产生大量的断裂裂隙,含大量锑的成矿热液充填于这些断裂、裂隙中,随着成矿体系的改变和物理化学条件的变化,大量辉锑矿就在这些空间就位成矿,形成晴隆大厂主要锑矿体。

5.5　罗甸关固玉石矿床

5.5.1　矿体地质特征

该矿床位于峨劳背斜西翼,岩层倾向为 234°～240°,倾角为 40°～55°,如图 5.11 所示。矿体赋存于中二叠统茅口组灰岩与辉绿岩接触带外带的大理岩化、硅化蚀变带中,是辉绿岩与碳酸盐岩(灰岩)接触交代变质(蚀变)作用的产物,矿体主要呈似层状和透镜状产出;部分矿体呈条带状、透镜状、不规则团块状产于大理岩内,玉石与围岩呈渐变过渡接触。

覆土掩盖较重,关固玉石矿采场主要见 5 个含软玉矿脉带,从下往上约有 14 层软玉矿小脉或透镜体,单层厚 10～35cm,底部两个脉带玉石质量较好,往上逐渐变差。关固矿床的玉石矿体产出特征描述如下(图 5.12)。

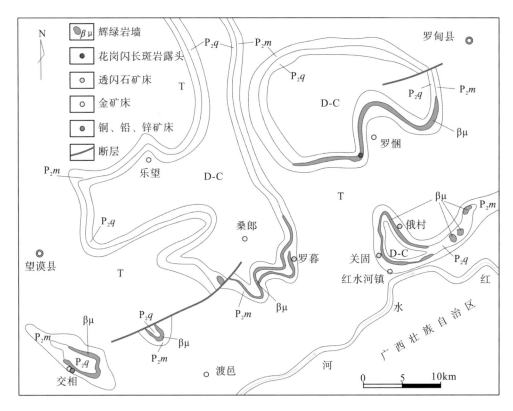

图 5.11　研究区辉绿岩墙及相关典型矿床分布图(据 1:20 万罗甸幅、乐业幅地质图修改)

T.三叠系；P_2m.中二叠统茅口组；P_2q.中二叠统栖霞组；D-C.泥盆系、石炭系未分；βμ.辉绿岩

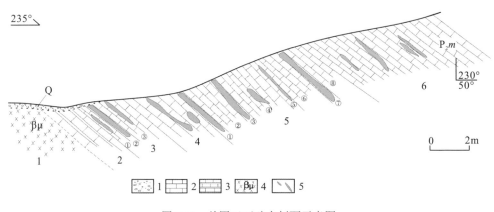

图 5.12　关固玉石矿床剖面示意图

1.第四系堆积物；2.灰岩；3.大理岩；4.辉绿岩；5.玉石矿矿体；Q.第四系；P_2m.中二叠统茅口组；βμ.辉绿岩

第 1 层：地表掩盖严重，零星转石为灰绿色辉绿岩，掩盖岩石为辉绿岩，厚度大于 10m。

第 2 层：零星转石为深灰色蚀变岩、浅灰白色大理岩及灰岩等，岩石为灰岩与大理岩，厚度大于 5m。

第 3 层：灰色、灰白色薄—中厚层状大理岩夹浅绿色、玉白色软玉层。厚度大于 1m。

本层按产出特征又可细分为 3 小层，由下往上为：

①层为灰色、灰白色薄—中厚层状大理岩，与下伏层接触界面不清，厚约 50cm；

②层为浅绿色中厚层状软玉层，软玉矿物结晶较细，硅化蚀变强烈，致密坚硬，未见节理裂隙，具油脂光泽，与围岩呈渐变过渡接触，厚 30～35cm；

③层为浅灰色、白色中厚层状大理岩，大理岩中见白色(局部浅绿色)玉石，具油脂光泽，呈不规则条带状、透镜状、团块状穿插分布于大理岩中，且与大理岩呈渐变过渡接触，厚约 120cm。

第 4 层：灰色、灰白色薄—中厚层状大理岩夹条带状、透镜状、不规则团块状浅绿色、玉白色软玉，玉石具油脂光泽，与围岩呈渐变过渡接触，厚约 250cm。

第 5 层：浅灰色、灰白色薄—中厚层状大理岩夹条带状、透镜状不规则软玉，玉石与围岩呈渐变过渡接触。按产出特征由下往上又可细分为以下 8 小层：

①层为白色薄层状玉石，矿石硅化蚀变强烈，致密坚硬，具油脂光泽，与围岩呈渐变过渡接触，厚约 15cm；

②层为浅灰色、灰白色中厚层状大理岩夹不规则条带状、透镜状、团块状浅绿色、白色软玉，厚约 160cm，其中条带状玉石厚 5～10cm，露头延伸大于 2m，与围岩呈渐变过渡接触；

③层为白色玉石层，矿石致密坚硬，具油脂光泽，硅化蚀变强烈，与围岩呈渐变过渡接触，厚约 20cm；

④层为灰白色、浅灰色中厚层状大理岩，局部夹不规则白色玉石条带及团块，厚约 250cm；

⑤层为白色薄层状玉石，露头延伸呈似层状，矿石硅化蚀变强烈，致密坚硬，具油脂光泽，与围岩呈渐变过渡接触，厚 5～10cm；

⑥层为浅灰色、灰白色中厚层状大理岩夹团块状、透镜状白色玉石，玉石具油脂光泽，与上下岩层呈渐变过渡接触，厚约 180cm；

⑦层为浅绿色、白色软玉层，硅化蚀变较强，玉石致密坚硬，具油脂光泽，与围岩呈渐变过渡接触，厚约 20cm；

⑧层为浅灰白色中厚层状大理岩，夹透镜状产出的浅绿、灰白色玉石，玉石厚 5～20cm，露头延伸长小于 1m，与围岩呈渐变过渡接触，厚约 150cm。

第 6 层：浅灰白色中厚层状大理岩，间夹似层状、条带状、透镜状、不规则团块状白色玉石，呈渐变过渡接触。大理岩重结晶作用较强，玉石硅化相对较弱，手感细滑，硬度相对较低。厚 700cm。

5.5.2　玉石特征

矿石以白、灰白、青白、青为主，多呈半透明—微透明状、蜡状光泽，抛光断面呈弱油脂—油脂光泽，少量呈瓷状光泽，结构致密且透明度高者，其光泽趋于弱玻璃光泽。

矿石主要矿物为透闪石，质量分数大于 95%；次要矿物有方解石、透辉石、滑石、铁锰氧化物等。

矿石具有块状构造(少量见片状构造)、纤维状变晶结构(包括纤维状-柱状、斑状变晶交织结构、纤维状-毡状变晶交织结构、纤维状-片状变晶交织结构、纤维状变晶交织结构等)。其中,纤维状-斑状变晶结构往往影响软玉的均一性和透明度,表现为瓷性光泽;纤维状变晶交织结构使软玉的韧性大为增加,使玉石细润致密。此外,在软玉矿体与围岩接触部位,见交代残余结构。罗甸玉矿床的透闪石含量高达95%以上,且矿石的物理光学特征、红外光谱特征、化学成分中的主元素含量均与新疆软玉一致,属于优质软玉。

本矿床的玉石种类基本为白玉,因此品质较佳。少量白玉因含 Fe^{3+} 与 Mn 氧化物,形成暗褐色斑点,称为草花玉或花斑玉。

罗甸玉石总体呈层状、透镜状、不规则团块状产出,且与围岩大理岩边界较清晰,主要有白色底花斑玉、青白玉、白玉,为弱油脂光泽,半透明-微透明,花斑均匀分布,白玉为蜡状光泽,透闪石化大理岩呈浅灰色,透明度差,质地粗糙,玉化程度差。

矿体在与辉绿岩的接触带蚀变相对强烈,灰岩见有硅化、大理岩化、透闪石化,主要发育条带状、网状蚀变,且各种蚀变边界清晰。

罗甸玉主要组成矿物为透闪石,镜下通常难以分辨矿物轮廓,常呈纤维状产出,粒度比较均一,多在 50μm 以下,集合体多呈放射状、束状。经镜下鉴定,罗甸玉以纤维状变晶结构为主,包括柱状变晶交织结构、纤维状变晶交织结构,兼有斑状-片状交织结构产出。

(1)柱状变晶交织结构,细柱状透闪石晶体相互交织,使其集合体呈现花束状、放射状,常见于玉石与围岩的过渡带,也出现在玉化程度比较低的岩石中。

(2)纤维状变晶交织结构,是玉石中最普遍的一种显微结构,微晶纤维状透闪石分布均匀,晶粒细小,各晶粒间边界模糊,常交织在一起,形成集合体,这种结构使得软玉具有一定的韧性。有些细小纤维状透闪石互相交织一起,在一定范围内呈弱定向排列,为罗甸玉常见的一种显微结构。

(3)斑状-片状交织结构,透闪石变晶呈斑状、叶片状交错分布,各矿物间紧密结合,形成片状集合体。

5.5.3 矿床成因分析

软玉中透闪石的形成方式有两种(Nichol,2000),一种是由超基性蛇纹石岩在富含硅、钙液体中按反应①形成,或是不纯白云质岩按反应②形成。反应表明,透闪石必须在富钙、镁、硅和水的环境中形成。

$$5Mg_2[Si_2O_5](OH)_2+14SiO_2+6CaO+5MgO \longrightarrow 3Ca_2Mg_5[Si_4O_{11}]_2(OH)_2+2H_2O \qquad ①$$

　　蛇纹石　　　　　　　　　　　　　　　透闪石

$$5CaMg(CO_3)_2+8SiO_2+H_2O \longrightarrow Ca_2Mg_5[Si_4O_{11}]_2(OH)_2+3CaCO_3+7CO_2 \qquad ②$$

　　白云石　　　　　　　　　　透闪石

罗甸玉矿体空间位置上处于顺层侵入的辉绿岩体与灰岩、燧石灰岩的接触蚀变带内,矿体围岩为不纯钙质碳酸盐岩,围岩含有 Fe、Mg、Mn 等元素,在发生硅化后化学性质进一步活跃,形成富含 Si、Ca 的环境,有利于透闪石的形成。罗甸玉均产在辉绿岩上覆外接触带之大理岩中，辉绿岩含大量镁质成份，接触变质后形成方解石大理岩、硅化大理岩，因此罗甸玉中 Ca 来源于围岩，而 Mg 主要来源于基性岩浆，其次由围岩提供，钙镁质属双向补给。

罗甸玉微量元素特征和稀土元素分配模式表明，罗甸玉成矿所需物源与围岩灰岩、辉绿岩紧密相关，且玉石样品中稀土元素分配模式与灰岩更为接近。罗甸玉样品稀土标准化曲线 Eu、Ce 具有明显的负异常，说明罗甸玉形成于相对还原的成矿环境。微量元素、稀土元素研究表明罗甸玉与围岩及辉绿岩体关系密切，罗暮玉矿床样品 LM2 与关固、俄村样品稀土、微量元素均有区别，这可能与成矿环境的差异有关。

杨林 (2013) 对罗甸玉硅氧同位素研究表明，$\delta^{18}O_{\text{v-smow}}$ 为 14.1‰～16.5‰，$\delta^{30}Si_{\text{NBS-28}}$ 为 1.1‰～1.7‰，推测罗甸玉的成矿温度应在 300℃，$\delta^{18}O_{\text{v-PDB}}$ 落入火成岩外变质带的上限区，说明罗甸玉形成与热液变质作用有关。流体包裹体研究表明，罗甸玉矿床形成经历了两个阶段热液活动，一个阶段为 215℃ (罗暮玉矿床)，另一个阶段为 138℃ (关固、俄村矿床)，这与稀土元素和微量元素差异结果显示一致，表明罗甸玉中透闪石属于同一成矿期不同成矿阶段产物，罗甸玉属中低温热液矿床。

综上所述，来自地幔源区的基性岩浆沿深大断裂上升，呈岩床状分布于二叠系的层滑构造空间，形成基性岩带，随后期褶皱同步变形，经断裂抬升到地表，在辉绿岩顺层侵入时带来了岩浆热液，同时提供了必要的成矿动能及成矿温度。在这一过程中，灰岩提供成矿所需的 Ca 及少量 Mg，而岩浆热液则提供 Si、Al、Mg、K、Na 等物质，岩浆热液在上升过程中产生减压沸腾作用，伴随大量挥发分逸出，热液中的平衡被破坏，从而与围岩发生物质交换形成矿床。罗甸玉石矿即是基性岩浆侵位，岩浆热液与围岩灰岩发生长期的交代蚀变作用形成。罗甸玉矿床主要分布于辉绿岩体上接触变质带，变质带控制了罗甸玉的分布。

5.6　威宁铜厂河铜矿床

5.6.1　矿床特征

铜厂河矿区出露的主要地层为：第四系沉积物 (Q)、上二叠统宣威组陆相沉积物、上二叠统峨眉山玄武岩组、中二叠统茅口组灰岩。矿区地质图如图 5.13 所示，矿区剖面图如图 5.14 所示。

根据岩心和老洞的地质资料，矿区内铜矿矿化层位较多，但矿化组合比较简单。矿化主要富集在 1、2、3 喷发旋回的中上部，有四个喷发层含矿较好，这四个喷发层是 $P_3\beta^{1-1}$、$P_3\beta^{2-4}$、$P_3\beta^{3-8}$、$P_3\beta^{3-10}$，并相应地可以划分出四个含矿层，即 I 矿层、II 矿层、III 矿层、IV 矿层。各个含矿层内有多个规模、大小不等且形态相对比较复杂的小矿体存在，形态主要有串珠状、束状、小透镜状、浸染状、团块状、网脉状等。这些形态各异的小矿体连接起来，共同组成大矿体。从整体来看，大矿体的形状为大透镜状。小矿体一般由不同程度的矿化作用连接起来，但偶然也见无矿天窗。在含矿层出现的构造软弱部位，铜矿矿化强烈。第一含矿层和第二含矿层经贵州省有色地质勘查局二总队于 2011 年勘查，未发现有价值矿体。

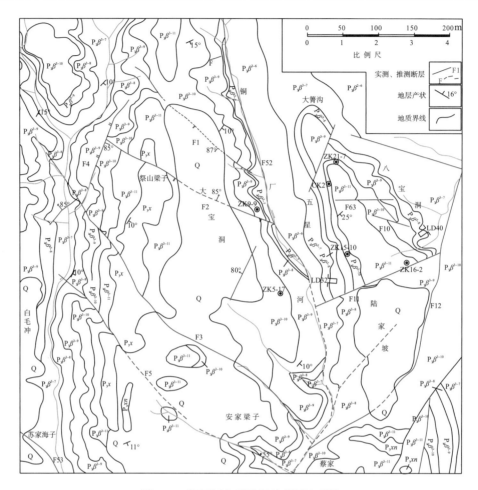

图 5.13　铜厂河玄武岩铜矿矿区地质图

注：依据贵州省有色地质勘查局二总队编写的《贵州省威宁县铜厂河铜矿详查实施方案》附图修编

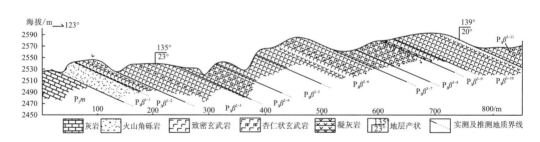

图 5.14　1∶5000 威宁铜厂河玄武岩铜矿矿区实测剖面图

　　四个含矿层中，第三喷发旋回中上部的杏仁状和气孔状玄武岩成矿作用较好，且矿体的规模较大，层位比较稳定，为矿区的含矿层。重点区和东部老勘查区两个矿段的第三含矿层含矿都较好，并且构成一定规模的矿体。

　　五星洞和八宝洞是东矿段的主要采矿老洞。这两个老洞的矿化作用相连，因此它们的采场也连通。这两个老洞的矿体厚度较大，品位较高，是该矿段的主要开采区。经过钻探和探槽等工程控制,在五星洞和八宝洞南面的陆家坡已确定一个较好的矿体。此外,东矿段大量分布有民采遗弃的老矿洞和冶炼的废弃矿渣。在许多地方发现有规模较小的、品位较低的矿体,但未构成工业矿体。经仔细勘查和对比后认为,在东矿段,含矿层厚度与矿体厚度的变化无直接关系。

西矿段的矿化面积约为 $2km^2$,大宝洞是其主要的采矿老洞。大宝洞铜矿的品位较好,层位比较稳定。其北西方向约 300m 处还有一批被遗弃的老洞。西矿段的采空区主要由这些老洞组成,而且相比东矿段的采空区,其规模要小很多。在西矿段南部的部分地方还发现了多处自然铜矿化的矿化点。由于以往地质工作程度较低,所以采矿老洞较少,但具有较好的找矿指示和成因意义。

气孔状玄武岩是东西两矿段矿体富集的岩层,并且伴随有强烈的方解石化、绿泥石化、铁矿化、碳沥青化、沸石化、硅化,且矿体富集区存在北东、北西西、北北西向陡倾斜的小构造。

5.6.2　矿石特征

铜厂河矿区已查明的金属矿物主要有:斑铜矿、辉铜矿、自然铜、黄铜矿、孔雀石等,次为铜蓝、蓝铜矿,伴生矿物有黄铁矿、闪锌矿等。

5.6.3　矿石结构构造

本区矿石主要结构有:全自形晶状结构、半自形—他形晶状结构、包含结构、共结边结构、似斑状压碎结构、交代残余结构等。

本区矿石的主要构造有:浸染状构造、气孔状构造、杏仁状构造、晶洞状及晶簇状构造、网脉状构造、交错脉状构造、细脉状构造等。

矿床围岩具有多种蚀变,主要有绿泥石化、硅化、沸石化、黄铁矿化、碳沥青化、碳酸盐化等。沸石化在局部地段虽很强烈,但总体上蚀变强度不大。其他的五种蚀变为矿区的主要蚀变。当多种蚀变组合出现时,具有重要的找矿指示意义。

5.6.4　玄武岩铜矿床形成机制

1.提供铜等成矿物质的玄武岩浆活动

峨眉地幔热柱的胀隆作用导致裂谷的形成。与之相伴随的岩浆活动具有如下特点:岩性由基性逐渐到酸性,岩浆活动由喷发逐渐到侵入,产出环境由海相逐渐到陆相。区域成矿环境、成矿条件、成矿作用等相应地也不断发生变化。虽然,其成矿机制和成矿结果复杂多变,但这些矿床在物源输运方面存在以下特征。

在地球演化的早—中期,尽管地幔热柱的活动非常强烈,但由于地球的物质没有发生明显的分异作用,所以金属元素没有明显地富集。该阶段形成的矿床数量较少,但也有少量的金属元素较容易浓集的矿床形成(牛树银 等,2002)。晚二叠世以来,地球物质发生了较明显的分异作用,金属元素主要集中在地核(牟保磊,1999)。地球的物质以地幔热柱和重力分异作用的形式进行着垂向物质调整。如果地幔热柱系统有部分核中高金属含量物质加入，幔源物质便可以形成地幔流体。地幔流体不仅带来了大量深部物质，而且营造了一个高热环境。这些都是形成大型、特大型矿床的有利条件。地幔流体本身可以成矿，而且它还可以提供成矿物质、成矿流体、碱质、硅质以及热源(刘丛强和黄智龙，2004)。部分金属元素随着地幔热柱的岩浆系统到达浅部壳层构造。于是，在我国西南地区的地壳浅部或表层，便有来自地幔及地壳深部的大量成矿物质沉淀成矿(李红阳和侯增谦，1998)。岩浆是物源输运的有利载体。这样造成在黔西北威宁一带形成含 Cu 等成矿物质较高的多期次峨眉山玄武岩喷发。

在铜厂河矿区，基性玄武岩浆形成 3 次大的喷发旋回和 11 次小的喷发旋回。第一次大旋回主要形成火山角砾岩和火山碎屑岩。第二次大旋回主要形成致密块状玄武岩和气孔杏仁状玄武岩，顶部时见玄武质凝灰岩。第三次大旋回主要形成致密块状玄武岩，偶夹火山角砾岩和气孔杏仁状玄武岩。

在晚二叠世，富含成矿物质的峨眉山玄武岩浆在威宁一带喷发，带来大量的 Cu。这为铜厂河矿区内的自然铜、硫化铜等铜矿的形成奠定了物质基础。

2.导致成矿物质运移的流体形成过程

孙利博(2012)认为，威宁地区玄武岩铜矿的成矿温度为 80～520℃，其间出现的两个峰值温度为 240～320℃、80～160℃。这两个峰值温度分别代表了峨眉山火山活动后期的热液作用和燕山期构造作用下的热液作用。其中，流体包裹体的温度与压力表现出较好的正相关关系，即成矿时的温度越高，成矿流体的压力也越大。这表明，在成矿作用的早期，成矿流体主要表现出高温高压的特征。成矿作用早期的成矿流体可能主要来自岩浆热液。在成矿作用的后期，成矿流体主要表现出低温低压的特征。成矿作用晚期的成矿流体可能主要来自热卤水。

峨眉地幔热柱的强烈活动导致玄武岩浆在贵州西北部大面积喷发。在玄武岩浆喷发的低潮期或间歇期，火山系统的热液在火山热力作用下不断循环。循环的热液不断从玄武岩中萃取 Cu 等成矿物质，并且在构造破碎带和玄武岩气孔中沉淀。这就使得 Cu 等成矿物质在有利构造部位的玄武岩中得到一定程度的富集。火山活动后期地下水与深部热液混合，形成混合热液，并不断重复上述萃取过程，使得 Cu 等成矿物质在有利构造部位的玄武岩中更加富集，但此时的矿化作用还不足以成矿。在火山活动结束后，来自下部地层的有机流体沿着构造破碎带等运移通道向上迁移。这些有机流体充填在破碎带和玄武岩的气孔中，使得玄武岩处于一个还原环境中。

在燕山期，强烈的地质造山运动产生大量的断裂、裂隙，使黔西北地区的平衡体系被破坏，富含铜等大量成矿物质的混合热液循环系统被破坏，热液在不断运移的过程中与有机流体相遇，相互作用，伴随着含铜矿物的大量形成。同时在高温作用下，有机流体中的气液大量散失，留下固态有机质形成沥青(这在矿区随处可见)。从成矿的早期到后期，成矿的温度逐渐降低，但是石英包裹体的盐度有逐渐升高的趋势。这佐证了成矿作用的后期，热液中有卤水混入的论断。

3.有机质的成矿作用

产于峨眉山玄武岩的铜矿石中的有机质可能来源于下部地层,如湖泊或海洋底部淤泥中的孢子及浮游类生物。因而峨眉山玄武岩的铜矿石中的有机质属于腐泥型。产于沉积岩(如宣威组地层)的铜矿石中的有机质不是来源于下部地层,而是原地的,如有氧条件下的沼泽环境中的陆生植物。因而沉积岩的铜矿石中的有机质属于腐殖型。虽然上述两种铜矿石中的有机质来源不同,但它们却经历了相似的成矿作用过程。

李厚民等(2004)认为:在峨眉山玄武岩喷发结束之后,来自下部地层的石油沿着构造破碎带向上迁移,并充填在玄武岩的气孔或裂隙中。当后期的成矿热液在向上运移的过程中遇到玄武岩气孔或裂隙中的石油及其相邻地层中含碳沉积岩时,玄武岩气孔或裂隙中的石油在受到热作用条件下就变质为固态的沥青、液态的烃以及部分气体。由于液态的烃和气体容易溢散,因而玄武岩中很少见到液态的烃和气体,仅有固态的沥青保留下来。但在玄武岩中发现了发荧光的液态烃及气相的有机包裹体,这表明石油的就位早于成矿热液的矿化作用。相邻地层中含碳沉积岩的碳质也发生了类似的变质作用。玄武岩中有机质的存在为成矿创造了一个还原环境,而且有机质对成矿物质的吸附作用对于成矿的过程也是非常重要的。当来自深部的成矿流体进入还原环境时,它的物理、化学条件会发生显著的变化,于是成矿热液中的 Cu 以自然铜的形式沉淀于沥青的裂隙中或碳质的附近部位。因此,铜矿石的品位与有机质的含量呈正相关,有机质含量较低的部位,铜的含量也较低。

原生的成矿流体与相关的流体进行对流循环,并不断从玄武岩中萃取出成矿物质 Cu。因为原生的成矿流体具有较强的氧化性,所以 Cu 等成矿物质主要以 Cu^+(和/或 Cu^{2+})的形式存在。古油气藏下部的水具有较强的还原性,当具有较强氧化性的含铜热液进入具有较强还原性的水环境时,成矿流体中的 Cu 离子便会与水中的 S 发生化学反应,使得辉铜矿等硫化物沉淀下来,因此辉铜矿矿化主要发育于下部。当具有较强氧化性的含铜热液进入中部具有强还原性的水-油环境时,古石油因受到成矿流体的加热作用而发生热裂解,并最终残留大量的固态沥青。与此同时,具有较强氧化性的含铜热液中的 Cu^+(和/或 Cu^{2+})被还原成自然铜。同时也有大量的方解石从热液中沉淀,充填玄武岩的气孔或构造破碎带。因此,自然铜主要发育于中部,并且与固态沥青及方解石有着密切的共生关系。当具有较强氧化性的含铜热液中进入上部的气带时,在烃类气体的强还原性作用下,成矿热液中的 Cu^+(和/或 Cu^{2+})同样被还原成自然铜。但是,上部因只有自然铜的矿化而很少含有固态沥青。

4.铜矿形成机制推论

依据对威宁铜厂河玄武岩铜矿的区域地质背景、矿区地质特征、矿床地质特征、成矿物质来源、成矿流体性质等方面的研究,对该铜矿的形成机制推论如下。

岩石圈的厚度从滇东向黔西逐渐减薄,意味着该地区的岩石圈存在不连续性。峨眉地幔柱从核-幔边界开始逐步衍生,并派生了硫含量较低的似原始地幔岩浆。该岩浆的许多成矿元素得到一定程度的富集。岩浆体系硫含量较低,有利于岩浆中金属成矿元素的溶解。最终,这些成矿元素随着岩浆一起运移到上部地壳的岩浆房中。在岩石圈的薄弱带,岩浆喷出或溢出地表，并呈线性排列(如贵州的盘州、威宁以及云南的宣威、鲁甸等地)。成矿元素得到一定程度富集的峨眉山玄武岩为该地区的铜矿化提供了足够的物质。这套玄武岩具有高孔隙度，可以作为热液、成矿物质、矿物沉淀的储运层。大量玄武岩浆喷出或溢出，导致大规模的生物死亡并就地埋藏。火山作用的同生热液使得有机质快速生烃，于是铜厂河铜矿区便出现了大量的沥青。

峨眉山玄武岩浆的喷发活动持续了相当长的时间(252～236Ma)(朱炳泉 等，2005)。在火山活动末期，喷发作用存在多次的旋回。长时间的火山活动带来大量的热量，有利于混合成因的热液与含铜玄武岩的水-岩反应。在反应过程中，热液从含铜玄武岩中萃取大量的铜并在有利条件下沉淀成矿。此时生成的铜矿以氧化铜矿为主。火山活动之后，油气也开始沿着构造破碎带向上运移，并充填于玄武岩的气孔和破碎带中。玄武岩中有机质的存在为成矿创造了一个还原环境，而且有机质对成矿物质的吸附作用对于成矿的过程也是非常重要的。当来自深部的成矿流体进入还原环境时，它的物理、化学条件会发生显著的变化，于是成矿热液中的 Cu 以自然铜的形式沉淀于沥青的裂隙中或碳质的附近部位。碳质泥页岩和沥青中的铜矿石多以自然铜和硫化铜为主，很少见氧化铜。

5.7　威宁香炉山式铁矿床

5.7.1　威宁香炉山式铁矿床基本地质特征

程国繁等(2017)对威宁香炉山铁矿床进行过专题讨论。他们通过研究得出：香炉山式铁矿是指以层状或似层状产出于峨眉山玄武岩组第三段与宣威组之间古风化壳中的角砾状、肾豆状赤铁矿或褐铁矿，含矿层在区域上被称为"含铁岩系"，与下伏峨眉山玄武岩组第三段和上覆的宣威组均呈平行不整合接触，该区地质略图如图 5.15 所示。

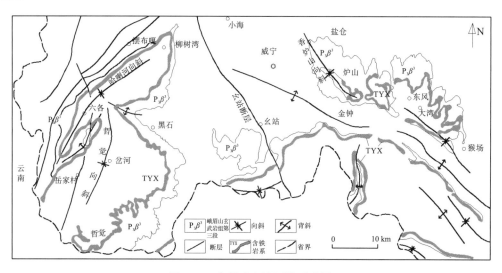

图 5.15　贵州威宁地区地质略图

含铁岩系厚度一般为 3～15m，最厚为 45m。其中，铁矿层的厚度一般为 0.6～2m，呈似层状或层状产出，从上到下可再分为三部分。

(1)上部为深灰、灰黑色页(泥)岩(仅香炉山矿区局部出现)，大部分地段则为铝土质黏土岩或黏土岩，直接与宣威组粉砂岩平行不整合接触，哲觉矿区偶见 1 层或 2 层厚 0.2～0.5m 的铁矿层。该层以稀土、铌、钪富集为主要特征，含植物化石及碎片。

(2)中部为灰白色—深灰色、红褐色黏土岩，局部夹薄层泥质粉砂岩、粉砂质泥岩，一般厚度为 0.5～2m，最厚可达 10m，岩石普遍含火山碎屑豆粒，气孔较发育，白色高岭石斑点发育。普遍见 1 层或 2 层厚 0.5～2m 的豆状赤铁矿，为主要的铁矿层及稀土矿化层位。

(3)下部为褐红色、暗红色铁质黏土岩，豆粒状铁质黏土岩，铁质凝灰质黏土岩，含铁质角砾黏土岩。见星点状、团块状白色高岭石斑点，厚 0.5～15m。含铁岩系厚度从南西往北东逐渐变薄，西边的哲觉含铁岩系厚 8.57m，中部龙场镇含铁岩系厚 1.58m，东部香炉山含铁岩系厚 1.08m，再往南东到二塘附近，含铁岩系尖灭。

区内共发现两个铁矿层，自上而下分别为Ⅰ矿层和Ⅱ矿层，如图 5.16 所示。

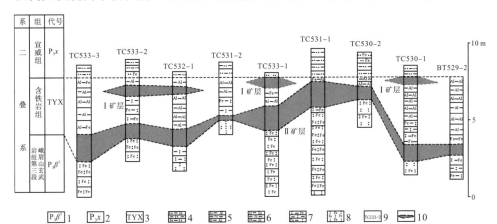

1.峨眉山玄武岩组第三段；2.宣威组；3.含铁岩系；4.铁质黏土岩；5.铝质黏土岩；6.铁铝质黏土岩；
7.含铁凝灰质黏土岩；8.铁质凝灰岩；9.工程编号；10.铁矿层

图 5.16 威宁哲觉勘查区铁矿层横向变化柱状对比图

Ⅰ矿层距Ⅱ矿层一般为 1.15～4.2m，呈似层状和大透镜体状产出，矿体规模小，连续性差，一般走向长数十米至数百米，倾向延深一般小于 100m。矿石品位较低，$W(TFe)$ 为 15%～20%，局部达 29.68%～38.38%，矿体厚度极不稳定，一般为 0.2～1.2m。

Ⅱ矿层为主要矿层，位于含铁岩系下部，呈层状或似层状产出。岩性主要为褐红色、暗红色铁质(含铁质)黏土岩，肾豆状铁质黏土岩，铁质凝灰质黏土岩，含铁质角砾黏土岩。矿层较连续，厚度一般为 0.55～2.51m，平均厚 1.89m，最大厚度为 7.93m。$W(TFe)$ 一般为 25.05%～35.96%，最高达 45%，平均为 28.23%。沿走向和倾向，矿体品位相对稳定。矿体走向长 910～770m，倾向上延伸 285～3020m。

在偏光显微镜下观察，常见矿物成分为火山碎屑、黏土矿物、石英、方解石、褐铁矿、黄铁矿等。

含铁矿物主要是赤铁矿和褐铁矿,赤铁矿、褐铁矿及钛铁矿与黏土矿物均匀混杂分布,以集合体形式产出,而褐铁矿与黏土矿物之间也常常混杂出现。

矿石结构主要为火山角砾结构、凝灰角砾结构和角砾凝灰结构。矿石构造主要为层状构造和块状构造。此外,在矿石中还常见到渗流孔、渗流管、泥裂等风化淋滤次生构造。含铁岩系中也可见到多个次级古风化壳和姜结石等。

5.7.2 铁矿床成因基本分析

研究区玄武岩所夹玄武凝灰岩中 TFe 含量(质量分数平均值为 21.65%)远远高于大区域上峨眉山玄武岩中 TFe 的含量(质量分数为 13.66%~14.80%),特别是玄武岩第三段中的铁质沉凝灰岩,铁质的含量往往比第一段和第二段玄武岩中的铁质含量高得多,说明玄武岩风化物将提供丰富的铁质来源。

铁矿层的主要岩性为沉玄武质角砾凝灰岩、沉玄武质凝灰角砾岩、玄武质沉凝灰岩等,碎屑成分单一,为玄武质岩屑。碎屑大小混杂,无定向、无分选,一些碎屑具压扁、拉长变形、半定向,内部绿泥石质杏仁体略发育、冷凝边较发育等特点,表明这些碎屑物质都来自其下伏的峨眉山玄武岩和玄武质火山碎屑岩,并经过短距离搬运或几乎没有经过搬运就堆积成岩。因此,香炉山式铁矿的成矿物质是就地取材,而非舍近求远。

由含铁岩系特征可知,含矿岩系只分布于晚二叠世宣威组相区,即陆相环境中,到龙潭组相区(海陆交互相)后,含矿岩系尖灭消失,表明含铁岩系和铁矿层(体)的产出和分布严格受到沉积相环境的控制。

见姜结石结构;铁矿层主要为火山碎屑状结构,渗流孔、渗流管、泥裂构造发育,夹多层褐铁矿风化壳,孔隙孔洞发育,含大量植物化石碎片,表明含铁岩系形成于陆相近岸湖泊相环境,并经历过多次反复暴露淋滤过程。

吴祥合等(1989)研究认为,贵州晚泥盆世的古纬度为 24.1° N;早石炭世祥摆期的古纬度为 19.4° N,汤粑沟期的古纬度为 15.1° N,大塘期的古纬度为 8.7° N;晚石炭世的古纬度为 7.8° N。晚泥盆世—晚二叠世,贵州中部及南部广大地区由 24.1° N 逐渐向 7.8° N 移动。也就是说,当时的扬子陆地由北渐渐向南靠近赤道移动。尽管岩关期—大塘期曾有过短暂的陆块向北回移现象,但扬子陆块向赤道附近移动的总趋势是明显的。McElhinny 等(1981)对峨眉山地区上二叠统峨眉山玄武岩进行了古地磁研究,测得古纬度为 3.3° N,晚二叠世时期的扬子陆块东南部处于赤道附近。王俊达和李华梅(1998)研究认为,石炭纪时期贵州的古纬度为 8°~14° S。

综上所述,包括威宁在内的扬子陆块在晚二叠世时期处于赤道附近的温暖潮湿气候环境,早三叠世,华南联合大陆再次向北回移,中三叠世—侏罗纪,扬子陆块的古纬度位于 10°~25° N。

对 100 余件岩矿石样品进行鉴定,尚未发现铁矿具有鲕粒结构,最常见的则是火山碎屑粒状结构,且火山碎屑主要呈次圆状和椭圆状,具定向排列,一些碎屑保存有冷凝边。上述特征表明,研究区内的铁矿是峨眉山玄武岩顶部古风化壳经短距离搬运沉积于陆相湖盆或几乎未经搬运堆积于湖盆边缘的铁矿床,为玄武岩古风化壳沉积(堆积)铁矿床。

5.8　回龙滥木厂铊矿床

分散元素最早是由地球化学家维尔纳茨基于 1911 年提出的，他认为分散元素不易形成独立矿物，一般难以发生工业性的富集。20 世纪 90 年代初，在我国西南地区发现了锗、硒、碲、铊等分散元素矿床，如贵州回龙滥木厂铊矿床、云南临沧锗矿床、四川大水沟碲金矿等，逐渐地对分散元素成矿这一问题有了更深入的认识，并且认为在一定地球化学条件下，分散元素不仅能发生富集，而且能超常富集，形成独立矿床(涂光炽 等，2004)。陈毓川等(1996)对四川大水沟碲金矿进行了详细研究，并将成矿与峨眉地幔热柱活动联系起来，认为峨眉地幔热柱活动是造成分散元素形成独立矿床的主要原因。

本书以贵州回龙滥木厂铊矿床作为典型矿床代表阐述其地质特征及峨眉地幔热柱与铊矿成矿的关系。

5.8.1　铊矿床基本地质特征

滥木厂铊矿床所在的黔西南拗陷区位于扬子地台西南缘右江造山带北缘、赵家坪背斜中段南翼，正处于 NE 与 EW 向构造复合部位，构成滥木厂鼻状背斜(任大银和陈代演，2001)。黔西南拗陷区是被三条区域性的深大断裂所包围的稳定地块，其北东为师宗-安顺深大断裂，北西侧为紫云-垭都深大断裂，南侧为南岭 EW 向构造带。区内构造形迹展布分别与其毗邻的构造带方向一致，岩层产状平缓，褶曲形态舒缓开阔，断裂大多数为陡倾角的正、逆断层。黔西南拗陷区内的矿带、矿床和矿化点，一方面严格受背斜和断裂构造的控制，具有大致相同的以 Au、As、Sb、Hg、Tl 为代表的低温热液矿床，另一方面又往往产于一定层位的某种岩性中并呈似层状、透镜状展布(陈代演和邹振西，2000)，矿床地质略图如图 5.17 所示。

矿区出露地层较为简单，含矿层位主要为上二叠统龙潭组和长兴组，主要岩性为灰岩、砂质黏土岩、黏土质砂岩、碳质黏土岩及煤层，而这些不同脆性和塑性程度的岩石组合交互成构造复杂的容矿层，故具有明显的多层含矿性。其次为下三叠统夜郎组第一段，岩性较为单一，主要为薄层泥质灰岩和砂岩，偶见黏土岩。

矿床严格受NE向鼻状背斜及一系列NE向的断裂带控制，背斜和断裂带呈NE40°～60°，长 720m，宽 350m。铊矿体均赋存于断裂带之间的破碎蚀变带中，大致顺层展布，纵向上向南倾伏，矿体形态主要呈似层状、扁豆状、透镜状、鞍状产出，长 60～240m，宽 40～80m，最宽达 120m，一般厚 2～5m，最厚达 17m。矿体与围岩产状一致，产于层间破碎带、断层弯曲、断层旁侧挠曲处、断裂带及岩层倾斜由缓变陡处，倾角约为 25°。

矿石矿物主要为辰砂、红铊矿、雄黄、雌黄、黄铁矿等，其次为斜硫砷汞铊矿、辉锑矿等；脉石矿物有石英、方解石、高岭石、重晶石等。铊矿石主要分为三个类型，其中富铊矿石的铊含量最高，其主要有用矿物为红铊矿；其次为富砷铊矿石，其主要有用矿物为雌(雄)黄；而汞铊矿石为低品位铊矿体，其主要矿物为辰砂。

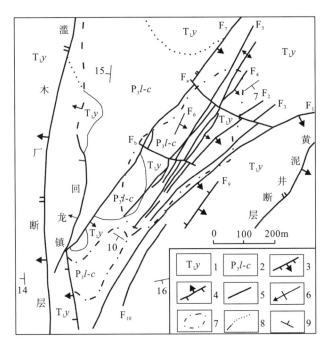

图 5.17　贵州滥木厂铊矿床地质略图 [据任大银和陈代演(2001)修改]

1.下三叠统夜郎组黏土质粉砂岩；2.上二叠统龙潭组—长兴组黏土岩、黏土质粉砂岩、灰岩、煤层等互层；3.张扭性断层；4.压扭性断层；5.性质不明断层；6.鼻状背斜；7.含矿体及矿体分布范围；8.实测及推测地质界线；9.地层产状

5.8.2　铊矿床成因基本分析

沉积成岩期形成以晚二叠世含煤岩系为主的矿源层。矿源层分布于晴隆—兴仁—安龙一带，形成于龙潭相区滨海沼泽环境，受近 SW、SN 两组深大断裂的影响，并伴有温暖潮湿的气候、茂密的植物、繁衍的水族，湖沼处于缺氧的还原条件以及伴随的火山作用，在本区形成一套厚达 298m 的含煤地层。成矿元素、微量元素和扫描电镜研究表明，在含煤岩系中存在的砂质黏土岩、碳质黏土岩和黏土质粉砂岩（约占总厚度的 2/3）以及煤层中的黏土质夹矸其原始物质为中酸性火山岩或火山凝灰物质，成矿元素 Tl、Au、Hg、Sb、As 亦在这组岩石中为最高，说明本区的成矿元素主要来自与中酸性火山物质有关的这组岩石。以煤的高变质(已变为无烟煤)和有机质的高成熟度(镜质体反射率 $R_0 > 4.00\%$)为特征所显示出来的高热流值和地温梯度以及印支—燕山期以来的多期构造运动为本区矿源层中成矿物质的活化、迁移和进一步富集成矿创造了条件。

热液改造期可分为三个阶段。

石英-黄铁矿-伊利石阶段，平均温度为 200～280℃(陈代演，1989；沈阳地质矿产研究所，1989)。

矿源层(岩)中的钾长石等含钾矿物蚀变为伊利石，由于钾长石中 K^+ 的半径与 Tl^+、Ba^{2+} 等相近，易形成类质同象，在由钾长石转变为伊利石时不仅可析出一部分游离 SiO_2，形成早期硅化，且随着 K^+ 的部分析出，释放出部分的 Tl 在背景值(4.40×10^{-6})的基础上可富集到大于 10×10^{-6}，出现 Tl 的 I 级异常或矿化，如紫木凼。该区在蚀变围岩和原生矿石中黏土矿物多为伊利石(质量分数平均为 38%),高岭石少见(质量分数平均为 1.4%)。此时虽有部分 Ba^{2+} 随 K^+ 析出,因溶液呈碱性,为较封闭的还原环境,故不利于形成重晶石。

高岭石-重晶石-辰砂阶段,平均温度为 159℃。在滥木厂矿区蚀变围岩(黏土质砂岩和砂质黏土岩)中常见钾长石被伊利石交代,黏土质砂岩和砂质黏土岩又被高岭石交代成交代残余状结构。矿区内高岭石化普遍,且与重晶石化同时出现。重晶石的大量出现表明溶液为酸性,且为相对开放的氧化环境。当伊利石向高岭石转变时,不仅析出部分游离 Si 形成硅化,且随着 K^+ 从伊利石中全部析出,与 K^+ 成类质同象的 Tl^+ 和 Ba^{2+} 亦全部析出,此时与地表相通的断裂体系由于含游离氧和 SO_4^{2-} 的大气降水下渗,原来的溶液由碱性逐渐变成酸性,形成高岭石化和重晶石化。与此同时,大气降水对原碱性溶液的稀释使辰砂(HgS)大量析出,并有与其成溶叶片结构的斜硫砷汞铊矿产出,在汞矿石中 Tl 质量分数为 0.011%,构成与汞矿体重叠的低品位铊矿体,为该区主要的铊矿体(石)。

雄黄-雌黄-红铊矿阶段,在温度更低(<159℃)且富砷贫硫的情况下,构造作用使碳和有机质局部富集,形成封闭较好的局部还原环境,在富 Tl、As 而贫 S 的碱性溶液中,依次结晶出红铊矿、雄黄与雌黄,分别形成富铊矿石和富砷铊矿石,由此两类矿石构成独立的富铊矿体。

峨眉山玄武岩和铊矿床空间上的对应关系暗示了铊矿床的形成和峨眉山玄武岩具有密切的联系。分散元素本身含量就很低,如果要富集甚至成矿,就必须要有大量的地质体为其提供"粮食",那么如此巨大的物源供给从哪里来呢?二叠纪晚期大量喷发的峨眉山玄武岩作为一个巨大的"粮仓",为铊矿床的形成提供了物源条件。有了物质来源之后,铊是怎么从峨眉山玄武岩内析出并聚集成矿的呢?

中、晚二叠世之间的峨眉地幔热柱活动导致地壳升降运动产生,改变了贵州的古地理格局,而后东吴运动使得茅口组经短期剥蚀形成岩溶地貌;在紫木凼等地区形成局限海台地相区,由于峨眉地幔热柱活动,大量峨眉山玄武岩浆喷发,含有大量 Tl 等组分的玄武岩浆流动到黔西南局限海台地相区,与海水发生海解作用,使玄武岩释放出大量的铊等有用组分,造成海水局部异常。峨眉地幔柱活动带来了大量的热量,造成区域热异常,形成大量热水,热水通过深渗循环,不断从峨眉山玄武岩中萃取大量的铊等成矿物质形成含矿热水;而且燕山期构造活动较为强烈,使得相对封闭的体系遭到破坏,在构造应力驱动下,这些含矿热水向低压空间(褶皱、断裂等构造薄弱带)流动,含矿物质沉淀形成铊矿床。

总之,滥木厂铊矿床的形成过程实际上是 Tl 等成矿元素活化→迁移→聚集的过程,峨眉地幔热柱活动喷发的玄武岩浆提供了铊矿床的物质来源,也提供了热水沉积所需的热量。

5.9　水城杉树林铅锌矿床

5.9.1　区域地质特征

川滇黔铅锌多金属成矿域是我国重要的铅、锌、锗、银产地之一,黔西北铅锌成矿

区属于该成矿域的重要组成部分，目前在贵州境内的黔西北铅锌成矿区已发现铅锌矿
(点)120 余处，该区铅锌成矿地质条件较好，具有较大的找矿远景(肖宪国 等，2011)。
空间上许多铅锌矿床的外围都有大面积峨眉山玄武岩出露，黔西北地区还广泛发育 70
余处辉绿岩株(黄智龙 等，2001)。对峨眉山玄武岩与铅锌成矿的关系，可谓众说纷纭，
柳贺昌(1995)认为在峨眉山玄武岩浆溢流和火山喷气活动中，Pb、Zn、Cu、Ge 可能进
入成矿热卤水而参与成矿，峨眉山玄武岩的展布范围与铅锌的水平分带大致重合，显示
了峨眉山玄武岩对铅锌成矿的控制，峨眉山玄武岩及与其侵入相的辉绿岩的同位素年龄
值与铅锌成矿年龄值部分重合或接近，从而认为峨眉山玄武岩与铅锌成矿相关；郑传仑
(1992)和韩润生等(2001)认为峨眉山玄武岩浆提供了铅锌成矿物质；黄智龙等(2001)认
为峨眉山玄武岩提供了部分成矿物质，而峨眉山玄武岩岩浆活动则提供了主要的热源；
王林江(1994)和顾尚义(2006)认为峨眉山玄武岩浆活动既不提供成矿物质，也不提供热
动力，故与铅锌成矿无直接成因联系；高振敏等(2004)和胡瑞忠等(2005)将川滇黔铅锌
成矿域内铅锌矿床视为与峨眉地幔热柱活动间接相关的中低温热液矿床；侯增谦等
(2001)将三江地区金属矿床与幔柱构造联系起来，把赋存于碳酸盐岩地层的铅锌银矿
床归入地幔热柱成矿体系的热幔柱-热点成矿系统之内。

贵州西北地区是贵州最重要的铅锌银矿集中区，铅锌银矿床主要位于云贵桥—垭都、
威宁—六盘水、银厂坡—云炉河坝、猴子场—绿卯坪一带。本节以水城杉树林铅锌矿作为
典型矿床代表，阐述其地质特征及峨眉山玄武岩与铅锌矿成矿的关系。

5.9.2 矿床地质特征

杉树林铅锌矿床大地构造位置属扬子准地台西端的黔北台隆六盘水断陷中的威宁北
西向构造变形区，水杉背斜位于变形区东南端，而矿床位于背斜东南端转折处的倾没端。
矿区出露地层为中石炭统黄龙组、上石炭统马平组、中二叠统栖霞组、上二叠统峨眉山玄
武岩。

水杉背斜长 25km，轴向为 NW300°～310°，往南东倾没端处轴向转为 NW340°，
矿床则位于转折处。该背斜北东翼缓，倾角一般为 40°～50°，而南西翼陡，倾角一般为
60°～70°，矿床产在背斜南西翼(图 5.18)。断层较为发育，背斜转折处的陡翼与纵向断
层的叠加控制了矿床的形成(郑传仑，1992)。

铅锌矿体产于黄龙组灰岩内，受层间高角度断层控制，矿体通常呈脉状、透镜状、囊
状产出，多有尖灭再现、侧伏再现现象。矿体与围岩界线清楚，其中 5 号矿体在地表出露，
其余均为隐伏矿；4 号矿体规模最大，矿体长 460m，最大延深 145m，厚 0.19～17.79m，
平均厚度为 4.17m。Pb 品位为 0.24%～7.94%，平均为 3.64%，Zn 为 1.09%～26.64%，平均
为 14.98%。4 号矿体占整个矿床总储量的 85%。其他矿体规模较小，长 80～150m，厚 2～
3m，平均厚度为 1.82m，空间上呈右行雁形排列，由 NW 向 SE 侧伏，矿体产状与断裂产
状大致相同，倾角为 55°～75°(图 5.19)。

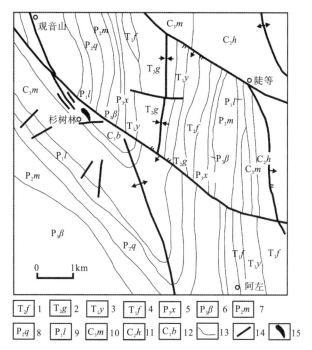

图 5.18　杉树林铅锌矿区域地质图［据郑传仑（1992）修改］

1.法郎组；2.关岭组；3.永宁镇组；4.飞仙关组；5.宣威组；6.峨眉山玄武岩组；7.茅口组；8.栖霞组；9.梁山组；
10.马平组；11.黄龙组；12.摆佐组；13.地质界线；14.断层；15.矿化范围

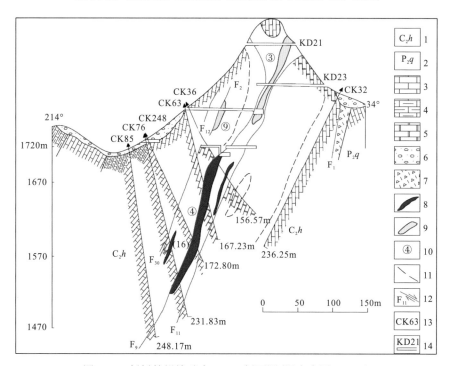

图 5.19　杉树林铅锌矿床 12-12′剖面图（据金中国，2006）

1.黄龙组；2.栖霞组；3.灰岩；4.泥质灰岩；5.白云岩；6.浮土；7.构造角砾岩；8.铅锌矿（硫化矿石）；
9.铅锌矿（氧化矿石）；10.矿体编号；11.白云石化界线；12.断层及编号；13.钻孔及编号；14.坑道及编号

矿物成分简单，矿石类型以硫化物为主。矿石矿物为方铅矿、闪锌矿和黄铁矿。脉石矿物有白云石、方解石、重晶石和萤石等。

矿石构造以块状构造为主，其次为浸染状、角砾状、条带状和层纹状构造。矿石结构以半自形—他形粒状结构、压碎结构、草莓状结构和交代结构为主。交代结构较为常见，通常是方铅矿交代闪锌矿。

围岩蚀变主要有黄铁矿化、方解石化、重晶石化、硅化、铁锰碳酸盐化(金中国，2006)。

5.9.3　矿床成因分析

综观各家对黔西北铅锌矿的成因认识，可发现共识观点如下：峨眉地幔热柱活动引起的玄武岩浆喷溢对黔西北地区铅锌矿、铜矿、菱铁矿等有着直接或间接的物质、成因和时空关系，峨眉山玄武岩浆活动是区内铅锌矿形成的必要条件之一。峨眉地幔热柱活动引起的地壳快速抬升加强了水城断陷作用盆地的发展，进而控制水城断陷盆地内地层沉积和构造形成，此外峨眉地幔热柱活动造成的区域性热事件，为铅锌矿提供了热动力，而且上升的岩浆带来了大量的深源热水，为活化、迁移地层中的铅锌元素提供了运移的载体，同时上升的岩浆也能够萃取沿途经地层内的成矿元素。峨眉山玄武岩浆的喷溢对形成黔西北地区铅锌等矿产起着至关重要的作用(刘幼平 等，2004)。综上所述，笔者倾向于黄智龙等(2001)的观点，即峨眉山玄武岩为铅锌成矿提供了部分物质，峨眉山玄武岩浆活动则提供了主要的热动力。

5.10　兴仁潘家庄高砷煤矿床

5.10.1　煤矿地质特征

1.矿体特征及成分

贵州西部高砷煤矿床分布于龙潭相区(滨海湖沼海陆交互相)，受背斜或穹窿及断层的控制，并与Au、Hg、Sb、Tl等元素的矿化有关。矿体呈层状，与围岩界线分明，主要赋存于含煤岩系的中下部，煤层厚度较稳定，为0.20～3.60m。煤层厚度及层数主要受岩相古地理条件所限制，即从东部的龙潭相到西南部的龙潭相与吴家坪相的过渡地带，煤层厚度减薄，煤层层数减少。煤层内部结构简单，偶见0.10～0.50m厚的粉砂质黏土岩、碳质页岩等组成的夹矸。煤层顶、底板一般为碳质黏土岩、粉砂质黏土岩、黏土质粉砂岩、粉砂岩等。外观上，高砷煤与非高砷煤无法区别，只有通过化学分析等手段鉴别。现以兴仁潘家庄高砷煤矿为例，介绍主要煤层地质特征。

兴仁潘家庄高砷煤矿床含煤16～24层，含煤系数为0.04。其中，单层厚度大于0.8m的煤层为7层或8层，产于龙潭组第一段、第二段、第三段中，据此可分为下、中、上三个含煤岩组。

煤中的无机成分主要以矿物的形式存在，煤燃烧后，绝大部分矿物质进入煤灰中。高砷煤中常见的矿物为黄铁矿、黏土矿物、石英和碳酸盐矿物等。

由于高砷煤中的砷为"不可见"砷，因此对矿石结构构造的划分主要借助可见矿物。

2.矿石结构

结晶结构：矿石的结晶结构主要表现为黄铁矿的自形—半自形—他形粒状结构、闪锌矿的他形粒状结构、石英的半自形—自形粒状结构等。

环带结构：有的早期生成的黄铁矿颗粒边部有带粉红色的次生加大边。

交代结构：黄铁矿被褐铁矿交代而呈骸晶残余状；黄铁矿交代有机显微组分中的大孢子体等。

动力结构：主要表现为黄铁矿的压碎结构。

3.矿石构造

矿石构造以浸染状、星散状构造为主，其次为碎裂状、条带状及脉状构造，少数具草莓状构造，局部见显微鳞片构造。

浸染状构造：黄铁矿、褐铁矿呈浸染状分布于高砷煤中。

星散状构造：黄铁矿呈星点状分布于高砷煤中。

碎裂状构造：高砷煤中黄铁矿遭受后期应力作用形成。

条带状构造：稠密浸染状的细粒黄铁矿呈微细不连续条带顺层或沿裂隙定向分布所组成；镜质组、惰性组和壳质组相间呈条带状。

脉状构造：黄铁矿、石英、方解石、白云石等沿高砷煤中节理裂隙充填，形成脉状构造，脉宽一般为 0.5～1mm，有时细脉交叉呈网脉状。

草莓状构造：由草莓状黄铁矿不均匀地分布在矿石中而组成，黄铁矿多为显微粒状。

显微鳞片构造：由黏土矿物的细小鳞片杂乱分布组成。

5.10.2　高砷煤的形成机制

1.砷的赋存状态

聂爱国和谢宏(2004)对采自贵州金矿和煤矿中的黄铁矿进行电子探针分析，其结果表明：砷主要存在于黄铁矿中，且含砷黄铁矿的环带状加大边中 Au、Hg、Sb、As 含量明显偏高。　也就是说，并非所有黄铁矿都能检测到砷，煤中黄铁矿是否含砷与黄铁矿自身的成因有关，后期低温热液成因的黄铁矿往往都含砷，同生黄铁矿含砷极少。

运用扫描电镜与能谱分析，均没有发现毒砂等任何含砷矿物，砷不以独立矿物形式存在。

高砷煤中砷矿化的重要特点是砷的颗粒极细，砷的赋存状态与黔西南卡林型金矿中金的赋存状态类似。

贵州西部高砷煤的载砷矿物主要是黄铁矿，砷大部分呈类质同象置换硫的形式或固溶体形式，或更微细的超显微状态吸附在黄铁矿晶粒外缘的次生增长环边或晶体内部的缺陷和晶隙中。这种超显微粒级"不可见"砷不仅在肉眼和一般光学显微镜下不可见，就是在一般电子显微镜下也不可见。

2.高砷煤的成因探讨

早二叠世海相峨眉山玄武岩的喷溢是黔西南地区锑、金、砷等矿质的重要供应来源，而峨眉山玄武岩(大厂层)是该区主要原始矿源层。在以后漫长的地质时代中，经过叠加、改造作用，砷在煤中富集形成高砷煤。高砷煤的形成经过了同生沉积、后生叠加、改造等多阶段成矿作用过程。

1)第一阶段——矿源层形成阶段

茅口期海退的同时，在潮坪-潟湖环境的浅海台盆内，海西期东吴运动使峨眉山基性岩浆沿古断裂通道发生喷溢活动。由于火山喷发过程中气液活动强烈，火山气液携带的Hg、Sb、As、Au、Ag、Pb 等进入水体，被黏土矿物吸附而沉淀。同时玄武质岩石中的矿质在水介质作用下经海解作用，可进而沉淀富集。地壳进一步抬升，峨眉山玄武岩浆固结成岩，大厂层这套由火山物质和陆源碎屑物质混杂组成的火山沉积相岩石也进入成岩固结阶段，其中所含的成矿物质和非晶体二氧化硅胶体向下渗滤进入原岩，并发生硅化交代作用，形成硅化灰岩、硅化黏土岩等一套硅化蚀变的岩石，峨眉山玄武岩及富含矿质的大厂层硅化蚀变岩石便成为高砷煤的原始矿源层。

2)第二阶段——龙潭煤系形成阶段

早二叠世末，东吴运动兴起，海水南退，茅口组经短期剥蚀形成岩溶地貌。晚二叠世，该区又进入海侵阶段，表现为海陆交互的沼泽平原相环境，沉积了海陆交互相的龙潭组含煤地层。在这一阶段，煤中的微量元素是均一分散的。

3)第三阶段——含矿热液形成阶段

受地温梯度的影响以及燕山运动的构造热效应，该区出现地热异常背景，从而提供了成矿溶液所需的热源，深部的地下水受热转化为热液，萃取大厂层中呈可活化态的分散矿质组分，逐渐演化为含砷、金、汞、锑等元素的成矿热液系统。在运矿流体中，砷主要以HS^-、S^{2-}络合物的形式存在和运移。

4)第四阶段——沉积-改造成矿阶段

电子探针分析砷的赋存状态时所表现出来的黄铁矿环带状加大边中 As 的含量高于内部沉积成岩期形成的黄铁矿，以及并非贵州西部所有二叠系龙潭组煤层都是高砷煤[只有那些分布于后期构造活动明显地段并覆盖在峨眉山玄武岩(大厂层)之上，遭受后期成矿热液改造作用的龙潭组煤层才属于高砷煤]等事实，充分说明高砷煤是在热液成矿作用下最终富集形成的。

导致高砷煤中砷沉淀富集的主要因素是压力差和化学势差，并受有利岩性和构造部位等条件的控制。构造作用开启了成矿地热系统，改变了运矿体系的物化条件，提供了成矿作用的能量和运矿的通道、容矿的场所。燕山运动的强大构造力为热液开辟通道并驱使其向浅部运移，进入背斜、穿窿、断裂等构造负压区。这些部位是矿液渗透、矿质沉淀的理想场所，当含有呈络合物形态的砷及硫、金、锑、硅等的热液进入其中时，随着温度、压力的下降，化学势也随之降低，相应引起一系列物理化学条件的改变，从而促使络合物分解，导致砷及其他相关元素的沉淀。

如果煤层中及其附近存在富含黏土质、粉砂质、有机质、硫化物等有利岩性段，煤中各微量元素就发生交代、置换、重结晶等作用。煤中微量元素进行重新组织和再分配,砷便在其中沉淀富集,结果就形成高砷煤及周围 Au、Hg、Sb 等低温元素异常和矿化。

通过上述 10 个与峨眉地幔热柱活动有关的典型矿床的地质特征及成矿过程和成因机制的剖析,可以得出贵州西部喷出和侵入基性岩浆的异同点以及形成相关成因类型的矿床如下。

贵州西部的岩浆岩根据岩浆活动性状来分主要有两种:一种为喷出岩浆活动,形成峨眉山玄武岩;另一种为浅成岩浆活动,形成辉绿岩。

喷出岩浆活动和浅成岩浆活动的相同之处在于:二者的岩浆同源,都是峨眉地幔热柱活动的结果,均具有幔源特征;两种岩石具有相同的物质组成、相同的岩性、相同的形成时代;都能在地球表面形成矿床。

喷出岩浆活动和浅成岩浆活动的不同之处在于:峨眉山玄武岩浆活动意义大、影响广。由于它喷出地球表面,受地表地形、气候、古地理环境影响大;黔西北高为陆相玄武岩浆喷出,黔西南低属于海相玄武岩浆喷出。尤其是海相环境,喷出的玄武岩浆受到海水强电解质的海解作用,熔浆中大量成矿物质被解离释放出来,为矿源层形成提供大量物质来源,这是造成黔西南能形成大型金矿床、大型锑矿床、大型锐钛矿矿床、大型钪矿床、独立铊矿床、汞矿床等的主要原因。贵州西部峨眉山玄武岩浆活动形成的矿床类型有:岩浆矿床(发耳铂钯矿点)、岩浆热液矿床(铜厂河铜矿床)、非岩浆热液矿床(水银洞金矿床、泥堡金矿床、晴隆大厂锑矿床、滥木厂铊矿床、杉树林铅锌矿床)、火山沉积矿床(香炉山铁矿床)、沉积改造矿床(潘家庄高砷煤矿床、交乐高砷煤矿床)、残坡积矿床(晴隆锐钛矿矿床、独立钪矿床、老万场红土型金矿床)等。

辉绿岩浆活动则不受地表地形、气候、古地理环境影响,主要靠自身的内能形成动力源,靠自身的物质组成和物理化学条件变化去改变自己,影响围岩环境导致相关矿床的形成。贵州西(南)部辉绿岩浆活动形成的矿床类型有:岩浆矿床(橄榄石宝石矿点)、岩浆热液矿床(罗甸玉石矿床)、非岩浆热液矿床(交相铜铅锌矿床)等。辉绿岩浆活动形成的矿床规模以中、小型为主。

第6章 峨眉地幔热柱控制贵州西部矿床成矿规律

6.1 成矿物质来源

峨眉地幔热柱胀隆产生的裂谷作用导致岩浆活动总体演化由地幔到地壳,由基性到酸性,由喷发到侵入,由海相到陆相。在演化过程中,区域成矿构造环境、成矿条件、成矿作用不断发生变化,其成矿机制复杂多变、成矿结果多种多样,但形成的所有内生矿床物源输运存在以下特征。

地球演化早、中期,尽管地热梯度大,地幔热柱活动强烈,但由于地球物质分异性较差,金属元素没有较高富集,所以形成矿床数量较少,其主要矿床类型也是那些较容易富集的金属元素。中生代以来,由于地球物质较完全的分异作用,金属元素主要集中在地核,如表 6.1 所示。

表 6.1 部分元素在地球、地核、下地幔、上地幔、地壳中的丰度值($\times 10^{-6}$)(据黎彤,1976)

元素	地球	地核	下地幔	上地幔	地壳
Cu	1.4×10^2	3.9×10^2	20	40	63
Pb	13	42	0.1	2.1	12
Zn	180	680	30	60	94
Pt	4.2	13	0.2	0.2	0.05
Pd	1.8	5.5	0.12	0.09	0.01
Au	0.8	2.6	0.005	0.005	0.004
As	200	620	0.5	0.9	2.2
Sb	1.4	4.3	0.1	0.1	0.6
Hg	0.009	0.008	0.01	0.01	0.08
Tl	0.06	0.12	0.01	0.06	0.4

地球内部为圈层结构,存在极大的内外温度差,在地球广泛进行重力分异作用的同时,也以地幔热柱的形式进行垂向物质调整;一旦有部分核中高金属含量物质进入起自核-幔边界的地幔热柱系统,由于地幔热柱构造作用出现地幔隆起,幔源物质形成地幔流体,地幔流体具有充足的物质储量、庞大的流体库和稳定的热源供给;它们上涌的部位往往是壳幔相互作用最为强烈的地区,地幔流体的出现不仅表现为大量深部物质注入成矿系统,而且反映该区存在一个高热环境,为成矿作用的持续进行和形成大型、特大型矿床提供了有利条件。地幔流体成矿作用主要表现在:地幔流体本身成矿,地幔流体提供成矿物质、成

矿流体、碱质、硅质以及热源。峨眉地幔热柱活动产生的地幔流体形成壳幔相互作用和高热流场，构成成矿物质大规模聚集系统。这些地幔流体在地幔热柱活动多级演化动力作用下，其中的成矿物质就以气态形式随着地幔热柱多级演化向上运移，部分金属元素随岩浆系统直达浅部壳层构造(图 6.1)，从而构成来自地幔及地壳深部的大量成矿物质在西南地区地壳浅部或表层就位成矿(李红阳 等，2002)。

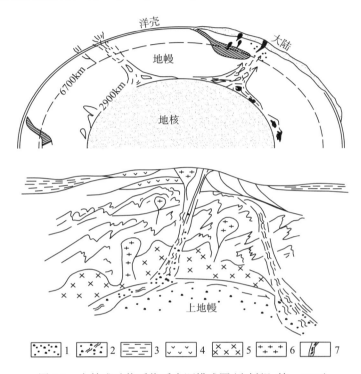

图 6.1　金等成矿物质物质来源模式图(牛树银 等，1996)

1.气体金；2.气-液混合相金；3.沉积盖层；4.火山岩；5.花岗质岩石；6.花岗岩；7.热液活动通道

在物源输运过程中，岩浆是极为有利的输运载体，从表 6.2 可以看出，金、汞、锑、砷、铊、铂等的背景值很高，其平均含量明显高于世界其他地区玄武岩，暗示贵州西部峨眉山玄武岩可以为成矿提供物质来源。

表 6.2　贵州西部峨眉山玄武岩部分微量元素含量表

样品	Au/($\times10^{-9}$)	As/($\times10^{-6}$)	Hg/($\times10^{-6}$)	Sb/($\times10^{-6}$)	Tl/($\times10^{-6}$)	Cu/($\times10^{-6}$)	F/($\times10^{-6}$)	S/($\times10^{-6}$)	Pt/($\times10^{-9}$)
贵州玄武岩	22.95	92.4	3.67	94.2	1	162	1008	3325	10.43
玄武岩	4.1	2	0.09	0.2	0.21	87	400	300	0.54
克拉克值	4.0	1.9	0.08	0.15	0.61	38	990	230	5

注：数据转引自聂爱国(2009)。

通过对贵州西部峨眉山玄武岩及金、汞、锑、砷、铊等层控矿床的稀土元素进行分析(表 6.3,图 6.2),发现稀土元素配分特征与峨眉山玄武岩的稀土元素配分特征一致,说明该矿床形成的成矿物质具有幔源特征。因此,可以说大规模峨眉山玄武岩浆喷发为贵州西部的玄武岩型铜矿、铂钯矿化点、卡林型金矿,以及层控型铅、锌、锑、汞、铊和部分沉积矿床(如高砷煤)等提供了成矿物质来源,峨眉山玄武岩是这些矿床形成的矿源层。

表 6.3   贵州西部部分矿床稀土元素含量及特征参数表

元素	峨眉山玄武岩	金矿矿石	龙潭高砷煤系页岩	锑矿矿石	富汞矿石	富铊矿石
La/(×10⁻⁶)	41.57	58.24	45.44	0.16	27.22	19.58
Ce/(×10⁻⁶)	93.22	98.64	96.06	0.31	42.79	26.47
Pr/(×10⁻⁶)	11.75	11.05	10.59	0.05	5.93	3.86
Nd/(×10⁻⁶)	47.83	37.43	50.66	0.18	21.14	13.23
Sm/(×10⁻⁶)	10.26	6.76	11.38	0.04	3.60	2.00
Eu/(×10⁻⁶)	3.31	1.39	3.28	0.01	1.00	0.49
Gd/(×10⁻⁶)	10.47	5.86	10.06	0.03	2.84	1.53
Tb/(×10⁻⁶)	1.50	0.87	1.36	0.01	0.38	0.21
Dy/(×10⁻⁶)	7.79	4.73	6.70	0.02	1.85	1.00
Ho/(×10⁻⁶)	1.48	1.00	1.13	0.01	0.41	0.21
Er/(×10⁻⁶)	3.90	1.48	2.62	0.01	1.11	0.53
Tm/(×10⁻⁶)	0.49	0.30	0.25	0.00	0.16	0.07
Yb/(×10⁻⁶)	3.00	2.01	1.75	0.01	0.83	0.33
Lu/(×10⁻⁶)	0.43	0.27	0.25	0.00	0.12	0.05
Y/(×10⁻⁶)	37.02	17.87	35.04	0.12	9.34	4.92
ΣREE	274.01	247.90	276.57	0.95	118.72	74.48
LREE	207.93	213.51	217.41	0.74	101.68	65.63
HREE	66.07	34.39	59.16	0.21	17.04	8.85
LREE/HREE	3.15	6.21	3.67	3.57	5.97	7.42

注:峨眉山玄武岩数据为本书研究 12 件玄武岩数据的平均值,其余数据引自聂爱国等(2007)。

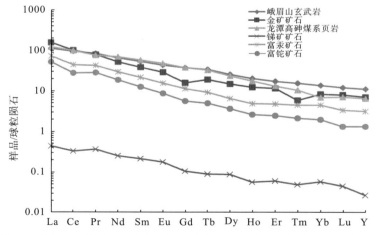

图 6.2   贵州西部峨眉山玄武岩及相关矿床 REE 球粒陨石标准化配分模式图

通过对西南地区许多矿床的微量元素分析及稀土元素分析,证明了峨眉山玄武岩提供成矿物质的论断。

例如,苏文超等(2001)采用高温爆裂-淋滤-ICP-MS 流程测定贵州烂泥沟和丫他金矿石英流体包裹体中的微量金属元素(Cu、Pb、Zn、Pt)含量,发现成矿流体中这些金属元素含量较高,特别是 Pt($0.37×10^{-6}$～$1.21×10^{-6}$);微量元素与海水-玄武岩相互作用形成洋中脊热液成分相似。

西南地区许多矿床(如云南个旧锡矿、广西大厂锡矿、贵州西部金矿、四川攀枝花钒钛磁铁矿等)稀土元素分析表明,无论是矿石还是近矿围岩,其稀土元素配分模式与峨眉山玄武岩相似。

综上所述,峨眉地幔热柱活动产生地幔流体以幔源物质上涌和壳、幔之间物质与能量交换为主,西南地区主要矿床成矿物质显示明显的幔源性,指示成矿物质及矿化剂主要来源于地幔或以幔源为主的幔壳混合源(聂爱国,2009)。

6.2　成矿输运通道

基底加里东期古断裂的继承活动和可能与峨眉地幔热柱活动有关的断裂活动,导致贵州西部显著的深大断裂活动;其中反映较为明显的断裂主要有紫云—垭都断裂(ZYF)、黔中断裂(QZF)、潘家庄断裂(PJZF)和册亨弧形断裂(CHF)(图6.3)。

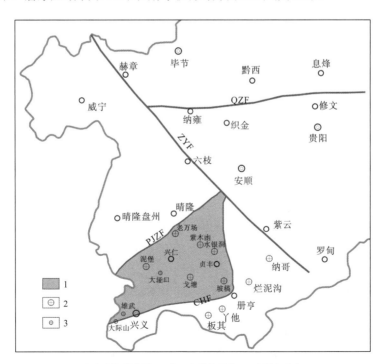

1.含金建造形成区；2.中—大型金矿床；3.小型金矿床；
ZYF.紫云—垭都断裂；QZF.黔中断裂；PJZF.潘家庄断裂；CHF.册亨弧形断裂

图6.3　贵州晚二叠世深大断裂构造分布图(贵州省地质矿产局,1987;徐彬彬和何德贵,2003)

1. 紫云—垭都断裂(ZYF)

紫云—垭都断裂呈北西向延展，形成于广西运动，以后持续活动，成为龙潭早期峨眉山玄武岩浆喷溢的通道，在龙潭期活动强烈，尤其是南段，该断层控制了碳酸盐台地相(北东侧)和深水盆地相(西南测)沉积。

2. 黔中断裂(QZF)

黔中断裂呈东西向延展，形成于广西运动，北盘上升，南盘下降，为峨眉山玄武岩浆喷溢的主要通道之一，导致该火成岩向东舌状突出，并沿断裂带玄武岩在息烽、瓮安等地仍有分布。

4. 潘家庄断裂(PJZF)

潘家庄断裂呈北东向延展，可能形成于东吴运动，北西盘上升，南东盘下降，基本上控制了峨眉山玄武岩分布的南界，断层两盘龙潭组厚度及含煤性差异很大。北西盘：P_3l 厚 310m 左右，可采煤 13m。南东盘：P_3l 厚 380m 左右，含煤性变异，可采煤厚约 9m。两侧 P_3l 含金差异性较大，北西盘以潘家庄幸福井田为代表，地层金含量为 $0.02×10^{-6}$；南东盘以水银洞金矿为代表，地层平均含金为 $0.37×10^{-6}$。

5. 册亨弧形断裂(CHF)

该断裂可能形成于石炭纪末黔桂运动，二叠纪—中三叠世强烈活动，呈向南东突出之弧形延伸，其南东盘下降，北西盘上升，龙潭期南东盘为深水盆地沉积，厚达 2300 余米，不含煤，北西盘煤系厚 400m。

贵州西部的矿床及含矿建造主要分布于上述断裂组成的范围，这些深大断裂成为区域内生矿床形成的主要导矿构造，对区域内生矿床形成和含矿建造产生极大的控制作用，是区域内的主要成矿运输通道。

6.3　成矿环境背景

由于剧烈的峨眉地幔热柱活动，中二叠世末—晚二叠世，裂谷性质的张裂作用发生、发展，形成西部峨眉山玄武岩浆大面积喷溢的玄武岩高原，西北高、东南低，形成西向东，有陆相-过渡相-海相的古地理格局，在过渡相-海相水域环境中，发育同生断裂，进一步使沉积古地理环境变得复杂。

在浅海碳酸盐台地边缘，发育着台地边缘生物礁滩。由于生物礁滩的阻挡，在潘家庄断裂、紫云—垭都断裂及册亨弧形断裂夹持的三角形断裂地段，为一被限制的潟湖-潮坪-浅海碳酸盐台地。泥堡金矿床、晴隆大厂锑矿床、晴隆沙子锐钛矿床、晴隆沙子独立钪矿床等均在过渡相三角洲潮坪沉积相中，水银洞金矿床、滥木厂独立铊矿床等容矿岩石沉积在此潟湖-潮坪-浅海碳酸盐台地的局限海台地相中，塘新寨、坡稿等金矿容矿岩石在台地边缘生物礁滩相中(图 4.6、图 4.7)。

黔西南地区已发现的许多矿床(点)主要位于由大陆向海洋转变的过渡环境,处于三角洲-潮坪及局限海台地沉积环境,该处三角洲-潮坪相及局限海台地相具有特殊的沉积优势。

(1)在晚二叠世,由于区域构造运动,贵州西北部峨眉山玄武岩大量喷发形成高地,由于重力梯度而给三角洲-潮坪环境及局限海台地提供丰富的陆源碎屑物质,同时由玄武岩的喷发而带来大量的成矿物质,为含矿建造的形成提供了丰富的物源。

(2)在陆海过渡部位,由于潘家庄断裂强烈的活动带来大量的含 SiO_2、Fe、Mn 的物质热液,为成矿提供主要热源和物源。

(3)在三角洲-潮坪及局限海台地位置,由于峨眉山玄武岩喷发所带来的大量的熔岩和火山灰受到海水的作用发生海解,海水从中萃取大量的成矿物质,被海解的玄武岩中成矿物质大量流失,远远低于未被海解的玄武岩,造成大量成矿物质析出沉淀,形成该区的大厂层及峨眉山玄武岩组,构成矿床形成的含矿建造(刘宝珺,1987;王立亭 等,1994;Nan et al.,2002;陈文一 等,2003),如图 6.4 所示。

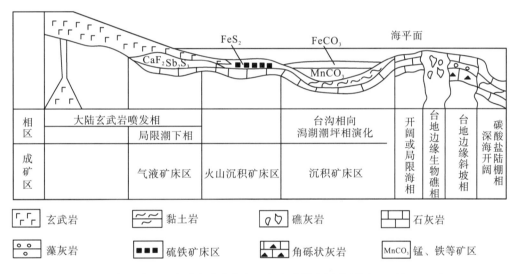

图 6.4　贵州峨眉山玄武岩喷发期相区与成矿模式图(据陈文一 等,2003)

综上所述,晚二叠世时期所处的三角洲-潮坪相、局限海台地等沉积环境在区域大断裂的作用下,形成良好的含矿建造条件,促成了许多内生矿床含矿建造的形成。

6.4　矿质运移沉淀方式

6.4.1　铜的运移沉淀方式

许多学者对黔西北地区玄武岩型铜矿做了相关实验来证明其成矿物质运移方式。发生铜矿化的同时伴随着透闪石-阳起石化与沥青化,而透闪石-阳起石化与沥青化的形成温度为 400℃左右;碳泥质岩和沥青岩中沥青的镜质体反射率为 1.6%~1.95%,表明沥青变质温度也在 350～450℃。实验表明 SiO_2 胶体表面的 H^+ 携带铜,在温度达到 400℃以上时,使铜以 CuO(黑铜矿)形式析出,这时硅酸介质中的 SiO_2 与碳泥质岩中的碳酸盐反应形成透闪石-阳起石化或形成硅华。在这一温度下油气等有机质则生烃和形成沥青或形成 CO,导致体系处于一种还原环境。CuO 与 CO、烃等发生反应,形成自然铜矿化。

　　从上述实验结果可以得出黔西北玄武岩型铜矿的成矿物质运移方式为:峨眉山玄武岩浆喷发后,玄武岩浆中携带的铜随着同生火山热液向上迁移富集,此时成矿体系正处于一个贫硫、Cl 等阴离子的环境,铜以硅酸胶体或有机络合物形式迁移,富含铜的成矿热液则在火山口周围的孔隙度较高的角砾岩和凝灰岩中沉淀,这与野外调查的玄武岩上部普遍存在硅化的现象一致。在同生火山热液向上迁移的同时,油气等也沿构造断裂带上升并就位于角砾状玄武岩裂隙中。由于受到火山热液的热烘烤,油气等有机质变质为沥青、液态烃和气体,而后气态物质挥发,残留固态的沥青,这一现象也符合宏观的地质事实,即玄武岩铜矿中普遍存在大量沥青。有机质的存在使得成矿体系的物理化学条件发生变化,Cu 以自然铜的形式在沥青的裂隙及碳质附近沉淀成矿(许连忠,2006)。

6.4.2　铅锌的运移沉淀方式

　　方铅矿、闪锌矿是难溶矿物。Pb、Zn 在溶液中要以氯化物络合物的形式迁移、富集,就必须要有一个贫硫的溶液环境。经研究证明,在 220℃以下,Pb、Zn 全部存在于溶液相中;而在弱酸性条件下,S 主要以挥发性的 H_2S 形式存在于蒸气相中。总之,在贫 S 富 Cl 的溶液相中,Pb-Cl、Zn-Cl 络合物为主要迁移形式。Pb^{2+}、Zn^{2+} 具有亲硫、亲氯性,与 S 形成难溶的方铅矿、闪锌矿,而与 Cl 及大多数有机酸类形成稳定的络合物,容易被胶体吸附沉淀。Pb、Zn 具有相似的离子构型,所以在活化、迁移富集以及在沉淀的过程中,具有比较一致的地球化学行为。总之,富 Cl、贫 S 及含少量有机酸的溶液相中,Pb、Zn 的主要迁移形式可能是氯化物络合物及有机酸络合物。在有利的构造条件下,周围物理化学条件的改变引起方铅矿、闪锌矿的沉淀。

6.4.3　金的运移沉淀方式

　　对于黔西南地区的金矿,前人对 Au-S 和 Au-Cl 配合关系分别进行了研究,认为在较还原和近中性的介质中,金在热水溶液中主要呈 $[Au(HS)_2]^-$ 形式迁移;而在氧化和酸性条件下则呈 $[AuCl_2]^-$ 形式进行迁移。但这并未解释区域上金等成矿物质与硅化的关系。涂光炽(1988)进行了 Au-SiO_2 配合关系研究,认为金在酸性和碱性含硅热液中均可与 SiO_2 形成稳定的 $AuH_3SiO_4^0$ 络合物。Au 在含 SiO_2 热液中的溶解度随 SiO_2 浓度和氧逸度的增高而增高,富硅热水溶液有利于金呈 $AuH_3SiO_4^0$ 形式活化迁移。溶液中 SiO_2 浓度由于硅化作用等而降低时,将导致 $AuH_3SiO_4^0$ 不稳定沉淀出 Au。

　　由于硅的丰度远远大于金,因此热水溶液中 H_3SiO_4 浓度远达不到相平衡的程度,只有在热水溶液中 SiO_2 消耗到一定程度发生硅化时才能引起金的沉淀。这正是黔西南地区众多卡林型金矿床大量金的沉淀富集与中晚期的硅化密切相关的原因所在。在适量的 SiO_2

浓度下，成矿热液体系由还原到氧化可促使金的活化，反之将导致金的沉淀富集。同时，SiO_2 的溶解度多随压力的增大而增大，压力突然下降将使大量的 SiO_2 迅速沉淀，进而导致金的大量沉淀富集。

对于金的迁移富集说来，由于 SiO_2 的丰度较高，故其比 S 和 Cl 更具普遍的地球化学意义。而且 $AuH_3SiO_4^0$ 比 $[AuCl_2]^-$ 和 $[Au(HS)_2]^-$ 更稳定，具有更强的携带和迁移金的能力；另外，在含硫含硅的热液体系中，只有在硫含量较高的条件下 $[Au(HS)_2]^-$ 大于 $AuH_3SiO_4^0$；但是随着体系中 SiO_2 浓度的增高，金主要是以 $AuH_3SiO_4^0$ 络合物进行活化迁移的；而在含氯含硅的热液体系中 $AuH_3SiO_4^0$ 的浓度远高于 $[AuCl_2]^-$。综上所述，金主要是以 $AuH_3SiO_4^0$ 络合物的形式进行活化迁移，其次为 $[Au(HS)_2]^-$ 和 $[AuCl_2]^-$，这也解释了黔西南卡林型金矿床中硅化普遍存在且蚀变程度大于黄铁矿化等热液蚀变。然而这些含金的热液又如何最终就位成矿的呢？

构造运动使得含矿溶液沿着断裂裂隙系统向上迁移，到达近地表的容矿和赋矿构造空间。含矿热液周围的地球物理化学条件发生变化，打破了原含矿热液体系的化学平衡。含矿热液中的原先稳定的络合物失稳，并且 SiO_2 的浓度达到过饱和状态，含矿热液中的 $AuH_3SiO_4^0$、$[AuCl_2]^-$ 和 $[Au(HS)_2]^-$ 等含金络合物伴随着大量隐晶-微晶二氧化硅-似碧岩和热液期黄铁矿及含砷、锑、汞等硫化物的沉淀而成矿，最终形成黔西南地区卡林型金矿床及层控型 As、Sb、Hg、Tl 矿床(高振敏 等，2002)。

6.4.4　砷的运移沉淀方式

砷是一种亲铜元素，以正 3 价和正 5 价为主，As^{3+} 主要出现在硫化物和含硫盐中，As^{5+} 主要以砷酸盐形式存在。陈萍等(2002)认为我国煤中砷的赋存方式主要为：以类质同象形式赋存于黄铁矿中；以稀有的含砷矿物和黏土矿物为载体，缔合于有机质中。丁振华等(2003)对黔西南高砷煤中砷的赋存形式进行了研究，发现高砷煤中的砷主要以高价砷的形式存在，也有少量以 As_2O_3、砷硫化物、砷黄铁矿的形式存在。在热液系统中，砷主要是以 HS^-、S^{2-} 的络合物形式存在和运移的。

中、晚二叠世间的峨眉山玄武岩浆喷发为黔西南地区带来了大量的砷等矿质。由于火山喷发过程中气液活动强烈，火山气液携带砷等成矿物质进入水体，被黏土矿物吸附而沉淀，同时玄武岩浆与海水发生海解作用，形成初始的矿源层；晚二叠世受海侵作用，沉积了一套海陆交互相的含煤地层，此时煤中的砷等微量元素是均一分散的；峨眉地幔热柱的活动造成黔西南地区的区域热异常，该区大气降水、地下水等深渗循环不断从初始矿源层(峨眉山玄武岩，大厂层、煤系地层等)含砷建造中萃取大量的 As 等成矿物质，并以络合物含矿热液形式发生迁移；燕山期，峨眉地幔热柱再次强烈活动产生大规模的断裂裂隙系统，在构造应力驱动下，这些含砷热液就在这些低压空间发生热液改造成矿作用，大量的 As 等成矿物质与形成的胶状黄铁矿和其他硫化物发生共沉淀，砷被黄铁矿等吸附或包裹，形成矿体，最后形成高砷煤矿床(聂爱国和谢宏，2004；谢宏和聂爱国，2007)。

6.4.5 锑的运移沉淀方式

对大厂锑矿中矿物包裹体研究发现，其包裹体形式主要以液体包裹体为主，阴离子主要是 SO_4^{2-}、Cl^-、F^-，锑与这些阴离子易水解形成络合物。锑的主要络合物有 $HSbS_2$、H_2SbS_4、$Sb(OH)_3^0$、$[Sb(OH)_2]^+$、$[SbS_2]^-$、$[SbCl_4]^-$、SbF_3 等。另外，从锑的原子结构分析，锑可形成以共价键为主的非常稳定的氯化物和二硫化物络合物。在热液系统中，锑的二硫化物络合物、氢硫络合物在锑的活化迁移中起主导作用。构造地球化学实验表明，辉锑矿在热液中迁移再沉淀的特征表现为：在石英集中部分裂隙中没有其他充填物，而当裂隙穿过角砾状黏土岩时，有隐晶质石英伴随辉锑矿充填在裂隙中。这可能与角砾状黏土岩吸附的水携带着硅、锑在裂隙中沉淀有关。然而这些含锑的热液又如何最终就位成矿的呢？

构造运动产生大量构造断裂裂隙系统，含有大量锑的成矿热液充填到这些对成矿有利的构造空间，由于温度压力降低，氧逸度增高，锑的络合物的稳定性被破坏，FeS、SiO_2 及 Sb_2S_3 依次从热液中沉淀出来。多期次的构造运动产生多次层间滑动，构造应力驱动成矿溶液多次充填，形成多阶段的石英-辉锑矿脉。多次构造活动使得下渗地表水增多，成矿热液的氧逸度增加，硫逸度降低，成矿热液逐渐变成酸性，并且热液中出现大量 SO_4^{2-}，最终辉锑矿沉淀成矿。其反应方程式可能为：$2(SbS_2)^- +2O_2 \rightarrow Sb_2S_3 + SO_4^{2-}$（毛德明 等，1992）。

6.4.6 汞的运移沉淀方式

对于汞矿床的成矿溶液性质，大多认为是碱性或偏碱性的，因为辰砂在稀的弱酸性溶液中几乎不溶解，而在碱性溶液中则有较大溶解度。对于汞的迁移形式认识不一，一些学者做了汞与卤素和碳酸有关的实验，认为汞主要呈 $[HgCl_3]^-$、$[HgCl_4]^{2-}$、$HgCO_3^0$ 等形式迁移，另一些学者做了汞与硫化物有关的实验，则认为汞主要以 $[HgS_2]^{2-}$、$[HgS_2H]^-$、HgS_2H_2、$Hg(HS)_2^0$ 等形式迁移，根据黔西南地区汞矿床主要矿物为硫化物以及包裹体中含较高 SO_4^{2-} 和 Cl^-，说明 Hg 在成矿溶液中主要是以 Hg-S 和 Hg-Cl 的络合物形式进行迁移的。而且在汞矿床中硅化普遍强烈，可推测，SiO_2 是汞搬运的载体。成矿流体就位于一定的构造部位，由于周围氧化还原条件、氧逸度、pH、Eh 等条件的改变，导致汞沉淀成矿（涂光炽，1984）。

6.4.7 铊的运移沉淀方式

目前对分散元素的赋存状态研究，可将其赋存分为独立矿物、类质同象、有机结合态及吸附三大类。滥木厂铊矿床中85%的铊是以类质同象的形式赋存于黄铁矿、雄黄、雌黄等硫化物中，15%的铊是以红铊矿等独立铊矿物形式存在。铊同时具有亲石性和亲硫性，因为铊的地球化学参数与碱金属 K、Rb 相近，它们的地球化学性质也十分接近，所以在成岩过程中，铊表现出强烈的亲石性。但同时铊又是亲硫元素，特别是在低温热液硫化物成矿的高硫环境中，铊表现出强烈的亲硫性，其地球化学性质与 Hg、As 等亲硫元素相似，故铊常以微量元素形式进入黄铁矿、辉锑矿、黄铜矿、雄黄和雌黄等矿物中。此外，在表生条件下，铊可形成表生铊矿物，如硫酸铊矿等，还易进入明矾石等表生矿物中。在特殊地质条件下，铊也可以富集成矿并形成独立的铊矿物。

铊的超常富集基本上都出现在成矿热液的晚期阶段。铊矿化形成的温度为 150～300℃，铊矿物的形成温度为 150～200℃；成矿流体盐度小于 10%并且具有弱酸性；成矿压力一般较低。因此，铊矿床的成矿流体认证为低温、中低盐度和弱酸性。研究表明，铊在低盐度、酸性—微碱性流体中以二硫化物或铊的氯化物的形式搬运。一些学者通过实验，得出大部分铊矿物形成于低温（<250℃）、较低压力（<250MPa）、高硫逸度和微酸性的封闭还原环境，并且导致铊沉淀的主要机制为温度下降和 pH 上升。铊在表生条件下活动性很高，很容易被再次分散循环。在贵州滥木厂铊矿床的表生氧化带中，铊就以氧化物如褐铊矿 (Tl_2O_3)、矾类 $[TlFe_3(SO_4)_2]$ 以及胶体吸附的形式而形成局部富集（范裕，2005）。

6.5　成矿时间特点

通过对贵州西部与峨眉地幔热柱活动相关典型矿床的成因研究可知，贵州西部这些相关矿床的形成有三个主要的成矿时期。

6.5.1　第一成矿时期：晚二叠世峨眉山玄武岩浆喷发期

第一成矿时期为晚二叠世峨眉山玄武岩浆喷发期，依据如下。

①矿石中玄武质火山凝灰岩中可见䗴类生物化石及䗴类化石外壳黑边，并有被褐铁矿化交代结构及交代残余结构。

②许多热液矿体产于二叠系中统茅口组灰岩顶部䗴类生物灰岩形成的喀斯特微型洼地中，矿体中及其周边围岩和矿体底部可见茅口组灰岩顶部䗴类生物灰岩。

③通过对晴隆沙子相关钛、钪矿床中锆石的 U-Pb 同位素测年，得出其成矿年龄为：$^{206}Pb/^{238}U$ 的年龄为 265～254Ma，$^{206}Pb/^{238}U$ 加权平均年龄为 259.1±1.7Ma，该年龄可代表锆石的结晶年龄。晴隆沙子锆石 U-Pb 年龄比较单一，暗示提供碎屑物质的来源比较单一。这与晚二叠世早期峨眉山玄武岩浆喷发地质事件的时间吻合。

黔西北与峨眉山玄武岩喷发相关的铜矿床、铂钯矿点，黔西南、黔南的玉石矿等都是第一成矿期形成的矿床。

6.5.2　第二成矿时期：燕山期的造山运动时期

燕山期的造山运动时期是中国南方最大的成矿时期，贵州的许多矿床都是这一时期的产物。贵州西部许多矿床，在海西—印支期只是形成成矿物质初步富集的含矿建造，未形成具体矿床；燕山期的造山运动改变了区域大的地质背景，形成开放体系，原来相对封闭的地质环境遭受破坏，成矿物理化学条件发生剧烈变化，导致大量成矿物质不能适应新的环境变化而沉淀形成矿床。

黔西南大量的矿床，如水银洞金矿床、泥堡金矿床、晴隆大厂锑矿床、水城杉树林铅锌矿床、滥木厂铊矿床等都是第二成矿期形成的矿床。

6.5.3 第三成矿时期：新生代时期

新生代时期是形成矿床或富矿地质体遭受进一步风化-淋滤作用，发生红土化，使成矿物质进一步富集。新生代成为富矿地质体风化-淋滤进一步富化期。

整个矿体红土化，主成矿期形成的矿床或富矿地质体经新生代风化-淋滤作用被黏土、褐铁矿等吸附，矿床在常温常压下稳定，保存在岩溶微型洼地中不易流失。而原矿石中的 Na^+、Ca^{2+}、Mg^{2+} 等流失，使原矿石品位进一步提高，成矿物质进一步富集成矿。

黔西南的晴隆沙子锐钛矿床、晴隆沙子独立钪矿床、晴隆老万场红土型金矿床等都是第三成矿时期形成的矿床。

第7章 峨眉地幔热柱活动控制贵州西部成矿系统

翟裕生(1998)在综合前人研究的基础上,将成矿系统定义为:在一定地质时-空域中,控制矿床形成和保存的全部地质要素和成矿作用过程,以及所形成的矿床系列和异常系列构成的整体,它是具有成矿功能的一个自然系统。

成矿系统是由相互作用和相互依存的若干要素结合成的有机整体。一个成矿系统一般包含四要素:控制成矿因素、成矿要素、成矿作用过程和成矿产物(翟裕生 等,2011)。

通过前面论述可知,峨眉地幔热柱活动对贵州西部矿产资源形成具有决定性控制作用。

7.1 构造动力体制划分成矿系统大类

成矿系统是大陆动力演化的产物,构造动力是成矿的基本因素之一,不同构造动力体制产生不同的成矿系统。常见的构造动力学体制有 7 种:①伸展,裂谷、大型生长断层或同生断层、盆地构造、变质核杂岩构造等;②收缩,板块俯冲带含岛弧、陆缘岩浆弧、构造混岩带等;③走滑,转换断层、走滑断层系等;④隆升,地幔柱上升、地壳热点、底辟构造系等;⑤沉降,沉积盆地、拗陷带等;⑥大型韧性剪切,结晶基底的韧性剪切带,有逆冲、正滑、走滑之分;⑦大型陨石撞击,古陨石坑及相伴的侵入杂岩。

以上 7 种构造动力体制都有特定的构造组合、岩石建造和成矿系统,A 为伸展构造成矿系统(大类);B 为收缩构造成矿系统(大类);C 为走滑构造成矿系统(大类);D 为隆升构造成矿系统(大类);E 为沉降构造成矿系统(大类);F 为大型韧性剪切构造成矿系统(大类);G 为撞击构造成矿系统(大类)(翟裕生 等,2011)。

综上所述,贵州西部绝大多数矿床在成矿因素、成矿要素、成矿作用过程、成矿产物等方面都受峨眉地幔热柱活动控制,成就了贵州西部矿产的形成;可以说,隆升——峨眉地幔热柱上升、地壳热点、底辟构造系等成为划分贵州西部成矿系统大类的依据,贵州西部属于隆升构造成矿系统(大类)。

在上述按构造动力形式划分成矿构造背景和成矿系统大类的基础上,再按主要的成矿机理划分出几个基本的成矿系统类,每类中再按含矿建造及成矿环境划分为若干个成矿系统。

7.2　多因、耦合、临界、转换的成矿作用机理

成矿作用是一类特殊的地质事件，多因、耦合、临界、转换是成矿作用发生的普遍机制(翟裕生 等，2011)。

多因：成矿作用涉及地质、化学、物理、生物的诸多因素，地质因素中又包括构造、岩石、地层因素等；物理、化学因素中又包括温度、压力、物质组分及行为因素等；作用过程又与源、流、运、储及相关制约因素密切联系。

耦合：指上述各因素间的相互作用和彼此影响，多种有利控矿因素在一定时空域中耦合是成矿作用发生的重要条件。

临界：不同状态的转换点(边缘成矿、界面成矿……)，各种控矿因素在特定条件下呈现出临界状态，造成各种界面和边缘，常是成矿作用发生的有利地段和有利时段。

转换：控矿因素和成矿参数的转变，包括突变、渐变，不同环境、不同尺度、不同形式的成矿参数的临界转换，是很多矿床形成的基本条件。

在漫长的峨眉地幔热柱活动过程中，多期次喷发岩浆活动形成的峨眉山玄武岩、多期次浅层岩浆活动形成的辉绿岩，它们各自与陆相、海陆交互相、海相等古地理环境不同岩性的沉积岩石结合，在不同的地表环境下，受不同的岩浆、幔汁、岩浆热液、地下水热液、海水、混合热液影响，在封闭、半封闭或开放体系中，在不同的温度、压力、组分浓度条件下发生各种水-岩反应、液-液反应、气-液反应、气-岩反应；在一系列复杂的多因、耦合、临界、转换过程中，形成贵州西部丰富多彩、多成因的矿床。

7.3　矿床系列、异常系列构成的矿化网络

矿床系列是指由相同的成矿作用生成的诸矿种、诸矿床类型的共生组合。与该矿床系列伴随的各种矿化异常(地质的、地球化学的、地球物理的、遥感的、生物的……)作为一个整体，称为异常系列。

矿床系列和异常系列都是成矿系统的产物。它们相互依存，共同构成矿化网络。矿化网络表现了在一定的地质背景、环境中由成矿系统形成的各矿床类型和有关异常的时空结构。它是一个四维的(空间+时间)成矿地质体，既包含已知即已经发现的矿床和确定存在但尚未被发现的矿床；也包括已知的矿产资源和未知的潜在资源。这一认识反映了成矿系统和矿化网络的开放性和动态性，有重要的理论和实际意义(翟裕生 等，2011)。

矿化网络研究的主要内容包括：各类矿床的发育程度、各类矿床的空间关系、各类矿床的时间关系、各类矿床的成因联系、各类矿床被改造情况。这些内容在矿床研究和找矿预测工作中经常遇到，有很重要的理论和实际意义。

峨眉地幔热柱胀隆产生的裂谷作用导致岩浆活动总体演化由地幔到地壳，由基性到酸性，由喷发到侵入，由海相到陆相；在晚二叠世和早三叠世，贵州西部喷发形成大量的峨

眉山玄武岩，同时在罗甸—望谟一带侵入形成大量浅成的辉绿岩。峨眉山玄武岩与辉绿岩属于峨眉地幔热柱活动下同质异相的产物。

综观峨眉地幔热柱活动在贵州西部形成复杂的多因、耦合、临界、转换的成矿作用机理，该区域已形成多种矿床系列、异常序列构成的矿化网络。

7.4　矿床形成—变化—保存全过程

矿床是地质历史的产物，它们在地质历史中产生，又在地质历史中消亡。一部分有幸保存下来的矿床经历了变化。因此，矿床学的基本内容是研究矿床的"来龙去脉"，即研究矿床形成、变化、破坏或保存的全过程。这是现代矿床学研究和矿产勘查开发所必须掌握的基础知识。

矿床的类型不同，它们产出的地质-地理位置不同，因而它们经历的变化、改造的过程也有差异。要具体地研究下列内容：①不同类型矿床的变化与保存；②不同地貌、气候条件下矿床的变化与保存；③不同埋藏深度下矿床的变化与保存；④不同地质年龄矿床的变化与保存；⑤矿床变化与异常变化的同步性和因果性；⑥矿床变化、改造的作用过程模型(翟裕生 等，2011)。

峨眉地幔热柱活动作用漫长，在整个海西期和印支期以升降运动为主，贵州西部绝大多数地区仍接受沉积，峨眉山玄武岩、辉绿岩等具有充分的时间、空间和环境条件，按相关特性进行各种作用，形成不同的矿床；燕山期造山运动更是成矿作用发生的有利时期，使成矿体系的宏观环境发生巨变，使绝大多数矿床最终定位成矿；喜马拉雅期又以升降运动为主，地表矿床遭受风化-淋滤改造，产生次生变化，但绝大多数有一定埋藏深度的矿床均得以保存。

7.5　贵州西部成矿系统划分

综合前述思想，结合贵州西部岩浆活动、构造运动及成矿特点，确定贵州西部成矿系统划分依据为：按峨眉地幔热柱活动的隆升作用，把贵州西部成矿系统定为隆升构造成矿系统(大类)；再按岩浆成矿机理、热液成矿机理、沉积成矿机理、生物成矿机理、改造成矿机理划分 5 个基本的成矿系统类，每类中再按主要矿产或含矿建造划分为多个成矿系统。

根据前述贵州西部峨眉地幔热柱活动特点、贵州西部矿产资源成矿特征及成因机制，结合贵州西部成矿系统划分依据，由此可以将贵州西部成矿系统划分为：1 个隆升构造成矿系统(大类)、5 个成矿系统类及 10 个成矿系统。

峨眉地幔热柱活动控制贵州西部成矿系统，具体划分情况如表 7.1 所示。

表 7.1   贵州西部隆升构造成矿系统划分表

序号	成矿系统类	成矿系统	主要矿床或矿点	环境
1	岩浆成矿系统类	喷出岩浆成矿系统	发耳铂钯矿点	台区、浅表
		浅成岩浆成矿系统	罗甸橄榄石宝石矿点	台区、浅表
2	热液成矿系统类	岩浆热液成矿系统	铜厂河铜矿床	台区、浅表
			罗甸玉石矿床	台区、浅表
		非岩浆热液成矿系统	泥堡金矿床、龙英大地金矿床	台区、浅表
			水银洞金矿床、烂泥沟金矿床、板其金矿床、丫他金矿床	台区、海陆交互相、台地斜坡相、深部
			滥木厂铊矿床、滥木厂汞矿床、大厂锑矿床、杉树林铅锌矿床	台区、海陆交互相、深部
3	沉积成矿系统类	陆相成矿系统	香炉山铁矿床、哲觉铁矿床	台区、湖盆相、浅表
4	生物成矿系统类	陆相成煤系统	威宁宣威组煤系	台区、陆相、深部
		海陆交互相成煤系统	织纳煤田、水城煤田等	台区、海陆交互相、深部
		海相成煤系统	龙山煤系	台区、海相、深部
5	改造成矿系统类	沉积-改造成矿系统	潘家庄高砷煤矿床、交乐高砷煤矿床	台区、海陆交互相、深部
		风化改造成矿系统	老万场红土型金矿床	台区、陆相
			沙子锐钛矿床、沙子独立钪矿床	台区、陆相

第8章 结　　论

通过研究可知，峨眉地幔热柱活动对贵州西部矿产资源形成过程产生很大影响。本书首次利用峨眉地幔热柱理论、成矿系统理论对贵州西部传统成因观点认为不同成因类型矿床群体进行再研究，既有宏观论证，又有微观研究；通过成矿系统理论有效地串起看似独立又散落的"颗颗珍珠"（各种矿床），形成矿床系列、异常系列构成的矿化网络；使各种看似成因独立的矿床形成有机联系，找到贵州西部矿床的成矿规律。通过研究，本书得出以下结论。

(1)峨眉地幔热柱活动在贵州西部产生大量的岩浆活动，形成大量玄武岩、辉绿岩以及部分中酸性浅成岩脉，反映峨眉地幔热柱活动在海西—印支—燕山期造成多期岩浆活动，再次证明峨眉地幔热柱活动长期性、复杂性、多期性的特点。

(2)玄武岩、辉绿岩是贵州西部许多矿床形成的成矿母岩。喷发的峨眉山玄武岩浆活动控制的矿床类型有：岩浆矿点（发耳铂钯矿点）、岩浆热液矿床（铜厂河铜矿床）、非岩浆热液矿床（贞丰水银洞金矿床、楼下泥堡金矿床、晴隆大厂锑矿床、水城杉树林铅锌矿床、回龙滥木厂铊矿床）、火山沉积矿床（香炉山铁矿床）、沉积-改造矿床（潘家庄高砷煤矿床）、残坡积矿床（晴隆沙子锐钛矿矿床、晴隆沙子独立钪矿床、晴隆老万场金矿床）等。

浅成侵入的辉绿岩浆活动控制的矿床类型有：岩浆矿点（罗甸橄榄石宝石矿点）、岩浆热液矿床（罗甸关固玉石矿床）、非岩浆热液矿点（望谟交相铜铅锌矿点）等。

(3)峨眉地幔热柱活动不仅直接提供成矿物质，并且成矿物质聚集、形成工业矿体的过程是在地幔柱自身的演化过程中完成的。在峨眉地幔柱从老到新演化过程中，海西—印支期主要提供成矿物质来源；燕山期主要完成矿床的最终就位成矿。

(4)峨眉地幔热柱提供成矿物质，但是成矿物质的聚集是在地幔柱火山岩浆喷发或侵入定位之后，由各种性质的流体作用完成的，即受到表壳环境的影响。广义的成矿流体除了可以是岩浆本身外，它既可以是岩浆热液、也可以是地下水热液、还可以是地表水体。

(5)峨眉地幔热柱活动中，地壳表层环境发生巨大变化，导致发生不同的成矿作用。晚二叠世后，贵州西部形成西北高、东南低的地貌格局：西北威宁赫章、纳雍一带成为陆地，中部晴隆、普安一带成为海陆交互环境，东南兴仁、贞丰、兴义、安龙一带形成碳酸盐台地的局限海，从而导致不同古地理环境形成不同的成矿作用和成矿过程。

(6)在峨眉地幔热柱活动影响下，原有的矿床发生改造、重新成矿或促进围岩中流体的活动并萃取围岩（火成岩）中的成矿物质。在贵州西部，海陆交互环境使原生煤发生后期改造形成高砷煤，在碳酸盐台地的局限海形成大量的矿源层，促进地下水的循环萃取，形成含矿热卤水。

(7)峨眉地幔热柱活动控制区内相关矿床的成矿时间及空间。峨眉地幔热柱活动在贵州西部不仅产生大量深大断裂形成导矿构造,而且产生大量浅成构造形成散矿构造和容矿构造;在贵州西部整个岩浆活动的影响区域和地层中都可以成矿;峨眉地幔热柱活动控制区内相关矿床成矿时间有三个主要的成矿时期:晚二叠世峨眉山玄武岩浆喷发期、燕山期的造山运动时期、新生代时期。

(8)峨眉地幔热柱活动在贵州西部形成复杂的多因、耦合、临界、转换的成矿作用机理,该区域已形成多种矿床系列、异常序列构成的矿化网络。

(9)贵州西部成矿系统划分依据为按峨眉地幔热柱活动的隆升作用,把贵州西部成矿系统定为隆升构造成矿系统(大类);再按岩浆成矿机理、热液成矿机理、沉积成矿机理、生物成矿机理、改造成矿机理划分为5个基本的成矿系统类,每类中再按主要矿产或含矿建造划分为多个成矿系统。

(10)贵州西部成矿系统划分为:1个隆升构造成矿系统(大类)、5个成矿系统类及10个成矿系统。

参 考 文 献

彼列尔曼, 1975. 后生地球化学[M]. 龚子同等译. 北京: 科学出版社.

陈代演, 1989. 我国汞铊共生矿床中富铊矿体的首次发现及其成因初步研究[J]. 贵州工学院学报, (2): 1-20.

陈代演, 邹振西, 2000. 贵州西南部滥木厂式铊(汞)矿床研究[J]. 贵州地质, 17(4): 236-241.

陈萍, 黄文辉, 唐修义, 2002. 我国煤中砷的含量、赋存特征及对环境的影响[J]. 煤田地质与勘探, 30(3): 1-4.

陈文一, 刘家仁, 王中刚, 等, 2003. 贵州峨眉山玄武岩喷发期的岩相古地理研究[J]. 古地理学报, 5(1): 17-28.

陈豫, 刘秀成, 张启厚, 1984. 贵州晴隆大厂锑矿床成因探讨[J]. 矿床地质, 3(3): 1-12.

陈毓川, 毛景文, 骆耀南, 1996. 四川大水沟碲(金)矿床地质和地球化学[M]. 北京: 原子能出版社.

陈智梁, 陈世瑜, 1987. 扬子地块西缘地质构造演化[M]. 重庆: 重庆出版社.

曹鸿水, 1991. 黔西南"大厂层"形成环境及其成矿作用的探讨[J]. 贵州地质, 8(1): 5-12.

程国繁, 刘幼平, 龙汉生, 等, 2017. 贵州西部香炉山式铁矿成矿控制因素初步研究[J]. 地质科技情报, 36(4): 113-122.

邓晋福, 赵海玲, 莫宣学, 等, 1996. 中国大陆根-柱构造——大陆动力学的钥匙[M]. 北京: 地质出版社.

刁理品, 韩润生, 刘鸿 等, 2006. 贵州晴隆大厂锑矿地质及控矿因素[J]. 云南地质, 25(4): 467-473.

丁振华, 郑宝山, Finkelmam R B, 2003. 煤中发现含硫、锌、汞矿物[J]. 地球与环境, 31(2): 87-89.

樊文苓, 王声远, 田弋夫, 1995. 金在碱性富硅热液中溶解和迁移的实验研究[J]. 矿物学报, 15(2): 176-184.

范裕, 2005. 安徽和县香泉独立铊矿床的成矿作用研究[D]. 合肥: 合肥工业大学.

冯增昭, 金振奎, 杨玉卿, 1994. 滇黔桂地区二叠纪岩相古地理[M]. 北京: 地质出版社.

付绍洪, 顾学祥, 王乾, 等, 2004. 黔西南水银洞金矿床载金黄铁矿标型特征[J]. 矿物学报, 24(1): 76-80.

高振敏, 张乾, 陶琰, 等, 2004. 峨眉山地幔柱成矿作用分析[J]. 矿物学报, 24(2): 99-104.

高振敏, 李红阳, 杨竹森, 等, 2002. 滇黔地区主要类型金矿的成矿与找矿[M]. 北京: 地质出版社.

顾尚义, 2006. 黔西北铅锌矿稀土元素组成特征——兼论黔西北地区铅锌矿成矿与峨眉山玄武岩的关系[J]. 贵州地质, 23(4): 274-277.

贵州省地质矿产局, 1987. 贵州省区域地质志[M]. 北京: 地质出版社.

韩润生, 刘丛强, 黄智龙, 等, 2001. 论云南会泽富铅锌矿床成矿模式[J]. 矿物学报, 21(4): 674-680.

韩至钧, 王砚耕, 冯济舟, 等, 1999. 黔西南金矿地质与勘查[M]. 贵阳: 贵州科技出版社.

郝家栩, 张国祥, 韩颖平, 等, 2014. 贵州南部中性岩浆岩的发现及其意义[J]. 贵州地质, 31(1): 52-55.

何斌, 徐义刚, 肖龙, 等, 2003. 峨眉山大火成岩省的形成机制及空间展布: 来自沉积地层学研究的新证据[J]. 地质学报, 77(2): 194-202.

何立贤, 曾若兰, 林立青, 等, 1994. 汞矿带中金矿赋存规律 [M].//沈阳地质矿产研究所编. 中国金矿主要类型找矿方向与找矿方法文集. 北京: 地质出版社.

何立贤, 曾若兰, 林立青, 1993. 贵州金矿地质[M]. 北京: 地质出版社.

何邵麟, 1998. 贵州表生沉积物地球化学背景特征[J]. 贵州地质, 15(2): 149-156.

胡瑞忠, 陶琰, 钟宏, 等, 2005. 地幔柱成矿系统: 以峨眉山地幔柱为例[J]. 地学前缘, 12(1): 42-54.

黄开年, 杨瑞英, 王小春, 等, 1988. 峨眉山玄武岩微量元素地球化学的初步研究[J]. 岩石学报, 4(4): 49-60.

黄勇, 陈能松, 戴传固, 等, 2017. 罗甸玉矿区基性岩床内中性岩的锆石 U-Pb 定年及意义[J]. 贵州地质, 34 (2): 90-96.

黄智龙, 陈进, 刘丛强, 等, 2001. 峨眉山玄武岩与铅锌矿床成矿关系初探——以云南会泽铅锌矿床为例[J]. 矿物学报, 21 (4): 681-688.

侯增谦, 曲晓明, 周继荣, 等, 2001. 三江地区义敦岛弧碰撞造山过程:花岗岩记录[J].地质学报, 75 (4): 484-497.

侯增谦, 卢记仁, 汪云亮, 等, 1999. 峨眉火成岩省: 结构、成因与特色[J]. 地质论评, 45 (S1): 885-891.

侯增谦, 卢记仁、李红阳, 1996. 中国西南特提斯构造演化——幔柱构造控制[J]. 地球学报, 17 (4): 439-453.

金中国, 2006. 黔西北地区铅锌矿控矿因素、成矿规律与找矿预测研究[D]. 长沙: 中南大学博士学位论文.

黎彤, 1976. 化学元素的地球丰度[J]. 地球化学, 3: 167-174.

黎彤, 倪守斌, 1990. 地球和地壳的化学元素丰度[M]. 北京: 地质出版社.

李红阳, 侯增谦, 1998. 初论幔柱构造成矿体系[J]. 矿床地质, 17 (3): 247-255.

李红阳, 牛树银, 王立峰, 等, 2002. 幔柱构造[M]. 北京: 地震出版社.

李厚民, 毛景文, 徐章宝, 等, 2004. 滇黔交界地区峨眉山玄武岩铜矿化蚀变特征[J]. 地球学报, 25 (5): 495-502.

廖莉萍, 2006. 贵州西部地区铅锌矿成矿地质条件及综合信息成矿预测研究[D]. 长春: 吉林大学博士学位论文.

林盛表, 1991. 中国西南二叠系玄武岩微量元素地球化学和岩浆起源模式研究[J]. 地球科学进展, 6 (6): 87.

刘宝珺, 1987. 沉积岩石学[M]. 北京: 地质出版社.

刘丛强, 黄智龙, 2004. 地幔流体及其成矿作用——以四川冕宁稀土矿床为例[M]. 北京: 地质出版社.

刘东升, 1994. 中国卡林型（微细浸染型）金矿[M]. 南京: 南京大学出版社.

刘建中, 刘川勤, 2005. 贵州水银洞金矿床成因探讨及成矿模式[J]. 贵州地质, 22 (1): 9-13, 49.

刘建中, 陈景河, 邓一明, 等, 2009. 贵州水银洞超大型金矿勘查实践及灰家堡矿集区勘查新进展[J]. 地质调查与研究, 32 (2): 138-143.

刘建中, 邓一明, 刘川勤, 等, 2006. 贵州省贞丰县水银洞层控特大型金矿成矿条件与成矿模式[J]. 中国地质, 33 (1): 169-177.

刘平, 李沛刚, 李克庆, 等. 2006a. 黔西南金矿成矿地质作用浅析[J]. 贵州地质, 23 (2): 83-92, 97.

刘平, 杜芳应, 杜昌乾, 等, 2006b. 从流体包裹体特征探讨泥堡金矿成因[J]. 贵州地质, 23 (1): 44-50.

刘平, 雷志远, 叶德书, 等, 2006c. 贵州泥堡金矿地质地球化学特征[J]. 沉积与特提斯地质, 26 (4): 78-85.

刘平, 李沛刚, 马荣, 等, 2006d. 一个与火山碎屑岩和热液喷发有关的金矿床——贵州泥堡金矿[J]. 矿床地质, 25 (1): 101-110.

刘英俊, 曹励明, 1987. 元素地球化学导论[M]. 北京: 地质出版社.

刘幼平, 杭家华, 张伦尉, 等, 2004. 黔西北铅锌矿集区成矿条件及找矿潜力探讨[J]. 矿产与地质, 18 (6): 545-549.

柳贺昌, 1995. 峨眉山玄武岩与铅锌成矿[J]. 地质与勘探, 31 (4): 1-6.

卢记仁, 1996. 峨眉地幔热柱的动力学特征[J]. 地球学报, 17 (4): 424-438.

罗定国, 1994. 地幔喷流柱构造和地球动力学新范式[J]. 国外地质科技, (5): 1-10.

毛德明, 张启厚, 安树仁, 1992. 贵州西部峨眉山玄武岩及其有关矿产[M]. 贵阳: 贵州科技出版社.

牟保磊, 1999. 元素地球化学[M]. 北京: 北京大学出版社.

牛树银, 孙爱群, 1999. 深源流体与地幔热柱的成矿控制作用探讨.[M]∥陈毓川主编.当代矿产资源勘查评价的理论与方法. 北京: 地震出版社.

牛树银, 李红阳, 孙爱群, 等, 2002. 幔枝构造理论与找矿实践[M]. 北京: 地震出版社.

牛树银, 孙爱群, 邵振国, 等, 2001. 地幔热柱多级演化及其成矿作用——以华北矿聚区为例[M]. 北京: 地震出版社.

牛树银, 罗殿文, 叶东虎, 等, 1996. 幔枝构造及其成矿规律[M]. 北京: 地质出版社.

聂爱国, 2009. 峨眉地幔热柱活动形成黔西南卡林型金矿成因机制[M]. 贵阳: 贵州科技出版社.

聂爱国, 亢庚, 2014. 贵州峨眉山玄武岩差异性成矿研究[M]. 贵阳: 贵州科技出版社.

聂爱国, 谢宏, 2004. 峨眉山玄武岩浆与贵州高砷煤成因研究[J]. 煤田地质与勘探, 32(1): 8-10.

聂爱国, 张敏, 张竹如, 2015. 贵州晴隆沙子锐钛矿矿床成因机制[M]. 北京: 科学出版社.

聂爱国, 李俊海, 欧文, 等, 2008. 黔西南卡林型金矿床形成特殊性研究[J]. 黄金, 29(2): 4-8.

聂爱国, 秦德先, 管代云, 等, 2007. 峨眉山玄武岩浆喷发对贵州西部区域成矿贡献研究[J]. 地质与勘探, 43(2): 50-54.

聂爱国, 黄志勇, 谢宏, 2006. 黔西南地区高砷煤与金矿的成因研究[J]. 湖南科技大学学报(自然科学版), 21(3): 21-25.

冉启洋, 杨忠贵, 1995. 兴仁县紫木凼金矿外围地区基岩含金量与地层、岩石和沉积相的关系[J]. 贵州地质, 12(3): 208-214.

任大银, 陈代演, 2001. 贵州滥木厂铊(汞)矿床构造控矿特征及其模拟实验研究[J]. 地质地球化学, 29(3): 201-205.

宋晓东, Richards P G, 丁志峰, 1996. 地球内核旋转不同的地震学证据[J]. 世界地震译丛, 6: 80-85.

宋谢炎, 侯增谦, 汪云亮, 等, 2002. 峨眉山玄武岩的地幔热柱成因[J]. 矿物岩石, 22(4): 27-32.

宋谢炎, 侯增谦, 曹志敏, 等, 2001. 峨眉大火成岩省的岩石地球化学特征及时限[J]. 地质学报, 75(4): 498-506.

尚浚, 卢静文, 彭晓蕾, 2007. 矿相学[M]. 北京: 地质出版社.

沈阳地质矿产研究所, 1989. 中国金矿主要类型区域成矿条件文集(第六辑黔西南地区)[M]. 北京: 地质出版社.

苏文超, 胡瑞忠, 漆亮, 等, 2001. 黔西南卡林型金矿床流体包裹体中微量元素研究[J]. 地球化学, 30(6): 512-516.

孙利博, 2012. 贵州省狮子洞铜矿流体包裹体研究[D]. 北京: 中国地质大学硕士学位论文.

陶平, 杜芳应, 杜昌乾, 等, 2005. 黔西南凝灰岩中金矿控矿因素概述[J]. 地质与勘探, 41(2): 12-16.

陶平, 朱华, 陶勇, 等, 2004. 黔西南凝灰岩型金矿的层控特征分析[J]. 贵州地质, 21(1): 30-37.

涂光炽, 1988. 中国层控矿床地球化学: 第三卷[M]. 北京: 科学出版社.

涂光炽, 1984. 中国层控矿床地球化学: 第一卷[M]. 北京: 科学出版社.

涂光炽, 高振敏, 胡瑞忠, 等, 2004. 分散元素地球化学及成矿机制[M]. 北京: 地质出版社.

王登红, 2001. 地幔柱的概念、分类、演化与大规模成矿——对中国西南部的探讨[J]. 地学前缘, 8(3): 67-72.

王登红, 1998. 地幔柱及其成矿作用[M]. 北京: 地震出版社.

王登红, 1995. 热点研究评述[J]. 地质科技情报, 14(1): 9-16.

王俊达, 李华梅, 1998. 贵州石炭纪古纬度与铝土矿[J]. 地球化学, 27(6): 575-578.

王立亭, 陆彦邦, 赵时久, 1994. 中国南方二叠纪岩相古地理与成矿作用[M]. 北京: 地质出版社.

王林江, 1994. 黔西北铅锌矿床的地质地球化学特征[J]. 桂林冶金地质学院学报, 14(2): 125-130.

王声远, 樊文苓, 1994. 金-硅配合作用及其对金活化迁移的意义[M]. //中国科学院黄金科技工作领导小组办公室. 中国金矿研究新进展: 第一卷(上篇). 北京: 地震出版社.

王涛, 刘淑文, 隗合明, 等, 2004. 热水沉积矿床研究的现状与趋势[J]. 地球科学与环境学报, 26(4): 6-10.

王砚耕, 王尚彦, 2003. 峨眉山大火成岩省与玄武岩铜矿——以贵州二叠纪玄武岩分布区为例[J]. 贵州地质, 20(1): 5-10.

王砚耕, 王立亭, 张明发, 等, 1995. 南盘江地区浅层地壳结构与金矿分布模式[J]. 贵州地质, 12(2): 91-183.

王砚耕, 索书田, 张明发, 等, 1994. 黔西南构造与卡林型金矿[M]. 北京: 地质出版社.

王中刚, 于学元, 赵振华, 等, 1989. 稀土元素地球化学[M]. 北京: 科学出版社.

吴德超, 刘家铎, 刘显凡, 等, 2003. 黔西南地区叠加褶皱及其对金矿成矿的意义[J]. 地质与勘探, 9(2): 16-20.

吴祥合, 蔡继锋, 邓一永, 等, 1989. 贵州南部石炭纪古地磁初步研究[J]. 岩相古地理, 4: 27-35.

谢宏, 聂爱国, 2007. 黔西南高砷煤成因研究[J]. 煤田地质与勘探, 35(6): 10-14.

肖荣阁, 陈卉泉, 袁见齐, 1993. 云南中新生代地质与矿产[M]. 北京: 海洋出版社.

肖宪国, 黄智龙, 周家喜, 等, 2011. 黔西北铅锌矿床成因研究中的几个问题[J]. 矿物学报, 31(3): 419-424.

徐彬彬, 何德贵, 2003. 贵州煤田地质[M]. 徐州: 中国矿业大学出版社.

徐义刚, 2002. 地幔柱构造、大火成岩省及其地质效应[J]. 地学前缘, 9 (4): 341-353.

徐义刚, 钟孙霖, 2001. 峨眉山大火成岩省: 地幔柱活动的证据及其熔融条件[J]. 地球化学, 30 (1): 1-9.

许连忠, 2006. 滇黔相邻地区峨眉山玄武岩地球化学特征及其成自然铜矿作用[D]. 贵阳: 中国科学院地球化学研究所硕士研究生论文.

杨科伍, 1992. 戈塘式金矿床之成因及找矿远景初探——兼论紫木凼式金矿[J]. 贵州地质, 9 (4): 299-306.

杨林, 2013. 贵州罗甸玉矿物岩石学特征及成因机理研究[D]. 成都: 成都理工大学博士学位论文.

翟裕生, 1998. 矿床的环境质量——一个新的地学研究领域[J]. 现代地质, 12 (4): 462-466.

翟裕生, 姚书振, 蔡克勤, 2011. 矿床学（第三版）[M]. 北京: 地质出版社.

郑传仑, 1992. 贵州杉树林铅锌矿床碳酸盐岩浊流沉积与成矿的关系[J]. 桂林冶金地质学院学报, 12 (4): 323-334.

郑启钤, 1985. 贵州境内峨眉山玄武岩的基本特征及其与成矿作用的关系[J]. 贵州地质, 3 (1): 1-16.

中国科学院黄金科技工作领导小组办公室, 1994. 中国金矿研究新进展: 第一卷（上卷）[M]. 北京: 地震出版社.

朱炳泉, 戴橦谟, 胡耀国, 等, 2005. 滇东北峨眉山玄武岩中两阶段自然铜矿化的 $^{40}Ar/^{39}Ar$ 与 U-Th-Pb 年龄证据[J]. 地球化学, 34 (3): 235-247.

Anderson D L, 1981. Hotspots, basalts and the evolution of the mantle[J]. Science, 213 (4503): 82-89.

Arndt N T, Czamanske G K, Wooden J L, 1993. Mantle and crustal contributions to continental flood volcanism[J]. Tectonophysics, 223 (1-2) 39-52.

Campbell I H, Griffiths R W, Hill R I, et al, 1989. Melting in an mantle plume: head it's basalts, tails it's komatites[J].Nature, 339: 697-699.

Chauvel C, Hofmanna A W, Vidalb P, et al, 1992. HIMU-EM : the french polynesian connection earth and planet[J]. Earth and Planetary Science Letters, 110: 99-119.

Chung S L, Jahn B M, 1995. Plume-lithosphrer interaction in generation of the Emeishan flood basalts at the Permina-Triassic boundary[J]. Geology , 23 (10): 889-892.

Chung S L, Jahn B M, W u G Y, 1998. The Emeishan Flood Basalt in SW China[C].A Mantle Plume Initiation Model and Its Connection with Continental Breakup and Mass Extinction at the Permian-Triassic Boundary. In: Flower, M., et al., Eds., Mantle Dynamics and Plate Interactions in East Asia, AGU Geodynamic Series, 27: 47-58.

Cliff R A, Baker P E, Mateer N J, 1991. Geochemistry of inaccessible island volcanics[J]. Chemical Geology 92(4): 251-260.

Coffin M, Eldholm O, 1994. Large igneous provinces: Crustal structure, dimensions, and external consequences[J]. Reviews of Geophysics 32(1):1-36 .

Davidson C J, 1992. Hydrothermal geochemistry and ore genesis of sea-floor volcanogenic copper-bearing oxide ores[J]. Economic Geology, 87 (3): 889-912.

Deffeys K S, 1972. Plume convection with an upper-mantle temperature inversion[J]. Nature, 240: 539-544.

Doucet S, Synthese D L,1967. Synthesis of wolframite, cassiterite, and anatase at low temperature[J]. Bulletin de la Societe Francaise de Mineralogie et de Cristallographie, 90 (1): 111-112.

Henley R W.1973. Solubility of gold in hydrothermal chloride solutions[J].Chemical Geology, 11 (2):73-87.

Henly R W,1991.Epithermal gold deposits in volcanic terranes // Gold Metallogeny and Exploration[M].Boston:Springer.

Hémond C, Devey C W, Chauvel C, 1994. Source compositions and melting processes in the society and Austral plumes（South Pacific Ocean）: Element and isotope（Sr, Nd, Pb, Th）geochemistry[J]. Chemical Geology, 115（1-2）: 7-45.

Hill R I, Campbell I H, Griffiths R W, 1991. Plume tectonics and the development of stable continental crust[J]. Exploration Geophysics 22(1): 185-188.

Kaneoka I , Takaoka N, 1985. Noble-gas state in the earth's interior: Some constrains on the present state[J]. Chemical Geology: Isotope Geoscience section 52(1): 75-95.

Le Roex A P, Cliff R A, Adair B J I, 1990. Trisan de Cunha, South Atlantic: Geochemistry and petrogenesis of a basanite-phonulite lava series[J]. Journal of Petrology, 31(4): 779-812.

Marchig V, Gundlach H, Möller P, et al, 1982. Some geochemical indicators for discrimination between diagenetic and hydrothermal metalliferous sediments[J]. Marine Geology, 50(3): 241-256.

Maruyama S. 1994. Plume tectonics[J]. Jour. Geol. Soc., 100(1): 24-49.

McElhinny M W, Embleton B J J, Ma X H, et al,1981. Fragmentation of Asia in the Permian[J]. Nature, 293: 212-216.

Morgan W J, 1971. Convection plumes in the lower mantle[J]. Nature, 230: 42-43.

Morgan W J, 1972. Deep mantle convection plumes and plate motions[J]. The American Association of Petroleum Geologists Bulletin , 56（2）: 203-213.

Nichol D , 2000. Two contrasting nephrite jade types[J]. Journal of Gemmology, 27(4): 193-200.

Nan J Y, Liu C Q, Zhou D Q, et al, 2002. REE geochemical study of the permian-triassic marine sedimentary environment in Guizhou Province[J]. Chinese Journal of Geochemistry, 21(4):348-361.

Olson P , Yuen D A, 1982. Thermochemical plumes and mantle phase transitions[J]. Journal of Geophysical Research Atmospheres, 87(B5): 3993-4002.

Pirajno F, 2000. Ore Deposits and Mantle Plumes[M]. Dordrecht: Springer.

Rona P A, 1988. Hydrothermal mineralization at oceanic ridges[J]. The Canadian Mineralogist, 26(3): 431-465.

Rona P A , Scott S D, 1993. A special issue of seafloorhy drothermalmineralization: New perspecitive [J]. Economic Geology , 88(8) : 1935-2078.

Rona P A, Boström K, Laubier L,et al,1983. Hydrothermal Processes at Seafloor Spriading Centers[M]. Boston: Springer.

Seward T M.1973. Thio complexes of gold and the transport of gold in hydrothermal ore solutions[J]. Geochimica et Cosmochimica Acta, 37(3):379-399.

Seward T M.1976. The stability of chloride complexes of Silver in hydrothermal solutions up to 350℃[J].Geochimica et Cosmochimica Acta,40(11):1329-1341.

Weaver B L, 1991. The origin of ocean island basalt end-member compositions: trace element and isotopic constraints[J]. Earth Planet Sci. Lett., 104: 381-397.

Wilson J T, 1973. Mantle plumes and plate motions[J]. Tectonophysics, 19（2）: 149-164.